U0724357

总要有
一番努力，
才不会
辜负我们的
人生

ZONGYAOYOUYIFANNULI
CAIBUHUI
GUFUWOMENDERENSHENG

林然 编著

广东旅游出版社
GUANGDONG TRAVEL & TOURISM PRESS
悦读书·悦旅行·悦享人生
中国·广州

图书在版编目（CIP）数据

总要有一番努力，才不会辜负我们的人生 / 林然编著. — 广州：
广东旅游出版社，2017.8（2024.8重印）
ISBN 978-7-5570-1003-4

Ⅰ.①总… Ⅱ.①林… Ⅲ.①成功心理－通俗读物 Ⅳ.①
B848.4-49

中国版本图书馆CIP数据核字（2017）第132393号

总要有一番努力，才不会辜负我们的人生
ZONG YAO YOU YI FAN NV LI , CAI BU HUI GU FU WO MENG DE REN SHENG

出 版 人 刘志松
责任编辑 李 丽
责任技编 冼志良
责任校对 李瑞苑

广东旅游出版社出版发行

地 址 广东省广州市荔湾区沙面北街71号首、二层
邮 编 510130
电 话 020-87347732（总编室） 020-87348887（销售热线）
投稿邮箱 2026542779@qq.com
印 刷 三河市腾飞印务有限公司
（地址：三河市黄土庄镇小石庄村）
开 本 710毫米×1000毫米 1/16
印 张 14
字 数 186千
版 次 2017年8月第1版
印 次 2024年8月第2次印刷
定 价 59.80元

本书若有倒装、缺页影响阅读，请与承印厂联系调换，联系电话 0316-3153358

序言

　　我们每一个人都希望有一份事业，这份事业代表成就、代表尊严、代表地位、同时也代表财富。愿望是美好的，但是现实是残酷的。我们中间的很多人似乎都是不折不扣的"事业失败者"。为什么会造成这样的局面？是不是我们事业方向错了？固然，有事业方向方面的原因，但是根本原因在于我们做事过程中对自己不够狠，没有足够的努力。

　　的确，人生如一幅画，点点线线都要靠自己来连接。人生没有终点，一幅还在描绘中的画，怎能轻易地就被判为好与不好，成功或者是不成功？只要你和我一直朝着心中构想的目标在行动着、奋斗着，人生终究不会辜负你！

　　人生就像一场马拉松，每一个阶段只是其中的一个转折点，只要我们拼尽全力努力冲刺，无论结果如何至少我们不会后悔，不会有遗憾。

　　即使这个阶段没有跑出好成绩也没关系，因为这毕竟不是终点，而是一个新的起点，在下一段征程继续拼命努力奔跑，我们依然能够跑出好的成绩。

　　是的！努力是一辈子的事情，我们只有一辈子都积极努力拼搏才能活成自己的想要的模样！坚持不懈的努力会让我们最终明白一个道理，世界真的不会辜负每一个努力的人。你可以没有天分，可以不聪明，但你一定要努力，一定要坚持，这是你后天唯一可以自主把握的资本。在人生奔跑的路上你始终要相信：你的人生不会辜负你的，那些转错的弯，那些流下的泪水，那些滴下的汗水，全都让你成为独一无二的自己。所以，不必厌恶八面玲珑，不必愤恨不公平，你的努力从来都不会被辜负。过程可以漫长一些，但日子总会因为你的好心态而闪闪发光。

我们的青春就应该义无反顾地勇往直前，所以，趁着年轻，努力奔跑吧，少年！

目录

第二章　不断地舍弃，才能持续得到　/ 023

有舍有得，我们要得到，首先要学会舍弃，只有通过不断地舍弃，我们才能持续得到。

第三章　细节见精神，往往决定成败　/043

细节见精神，细节往往决定着事业的成败，我们必须拥有持续关注细节的热情、坚持和能力。

第四章　做事要多用脑，方法重在寻找　/ 063

做事一定要多动脑，要寻找好的方法。方法只有更好，没有最好，当我们愿意开动脑筋去寻的时候，我们就有可能寻找到新的出路。

第五章　良好的人际关系就是事业的进步　/ 081

人际关系，对于事业而言很重要，我们一定要注意培养自己的人际关系。人际关系的积累就是事业的进步。

第六章　人生最大的失败就是轻言放弃　/ 099

人生最大的失败就是放弃，当你选择放弃的时候，一切就已经结束，没有任何借口可言。

第七章　用最专注的心做好每一件事　/ 119

做事就要积极应对事业中遇到的困难，用心做好每一件事情。

第八章　做任何事情要有积极应对的态度　/ 139

做任何一件事情都不要拘泥于过去的经验和想法，积极应对，随机应变才是应有的态度。

第九章　懂得冒险，要有创新的意愿和行动　/ 157

做事一定要有冒险的精神，要有冒险的意愿和行动，这是创新的源泉。

第十章　成就并没有想象中那么难　/ 177

成就并没有想象中那么难，为此，我们要学会简单地做事情，复杂的事情简单化，我们朝着成功的方向，一步一个脚印地坚定前进。

第十一章　机会任何时候只给有准备的头脑　/ 193

机会只给有准备的头脑，所以我们没有必要慨叹自己没有机会，而应该反省自己是否有所准备。

第一章　没有航向，人生就无所适从

　　航向对于每一个人来说都很重要，没有航向，人生就无所适从。

有明确的目标才能做最有效率的事情

只有具有明确的目标，才能做最有效率的事情，生命才得以开阔和延长。很多的人唯恐目标过于明确，而忽略了身边的很多机会。其实人一生的时间和精力有限，如果对任何机会都不放过的话，最终也将是一事无成。对于聪明人来说，最大的陷阱莫过于机会太多。人只有把自己的注意力集中在一个点上，才有可能做出伟大的事情。我们日常的做事习惯同样应该如此。

伯利恒钢铁公司总裁查理斯·舒瓦普去会见效率专家艾维·利。艾维·利说可以在 10 分钟内给舒瓦普一样东西，这东西能把他的公司的业绩提高至少 50%。

艾维·利递给舒瓦普一张空白纸，说："在这张纸上写下你明天要做的 6 件最重要的事。"过了一会又说："现在用数字标明每件事情对于你和你的公司的重要性次序。"这花了大约 5 分钟。艾维·利接着说："现在把这张纸放进口袋。明天早上第一件事是把纸条拿出来，做第 1 项。不要看其他的，只看第 1 项。着手办第一件事，直至完成为止。然后用同样方法对待第 2 项、第 3 项……直到你下班为止。如果你只做完第 5 件事，那不要紧。你总是做着最重要的事情。"

艾维·利又说："每一天都要这样做。你对这种方法的价值深信不疑之后，叫你公司的人也这样干。这个试验你爱做多久就做多久，然后给我寄支票来，你认为值多少就给我多少。"

整个会见历时不到半个钟头。几个星期之后，舒瓦普给艾维·利寄去一张 2.5 万美元的支票。5 年之后，这个当年不为人知的小钢铁厂一跃而成为世界上最大的独立钢铁厂，艾维·利提出的方法为查理斯·舒瓦普赚得 1 亿美元。

做事比别人更有成效，往往不是因为自己比别人多聪明，而是因为自己比别人更关注。一会儿忙东，一会儿忙西，就像"小猫钓鱼"一样做事情，永远都不可能把一件事情做好，更不用说提高做事的效率。做事，就要时时刻刻给自己最明确的目标，用最专注的态度，做最紧要的事情。我们每一个人的时间都是有限的，只有你的目标明确，永远坚持下去，你才有可能获得成功，也才可能让自己的生命更有价值。

要用适合的目标激活人才

每一个人都有自己的个性和特长，做事的时候，我们千万不要求全责备地要求每一个人都像个完人，无所不能，都是多面手。做事很多的人往往感到别人不能按照自己要求来做事，是因为别人态度有问题。事实上，很多时候都是自己安排缺乏考虑。我们只能够把合适的人安排到合适的岗位，并且用适当的目标去激活人才。如果让关羽去拉锯，让鲁班去拿大刀，显然是埋没了人才。

在一次工商界聚会中，几位老板谈起了自己的经营心得。

其中一位说："我有三个不成才的员工，准备找机会将他们炒掉，一个整天嫌这嫌那，专门吹毛求疵；一个杞人忧天，老是害怕工厂有事；还有一个经常浑水摸鱼不上班，整天在外面闲荡鬼混。"

另一位老板听后想了想说："既然这样，你就把这三个人让给我吧！"

这三个人第二天到新公司报到，新的老板开始分配工作：喜欢吹毛求疵的人负责管理产品质量；害怕出事的人，让他负责安全保卫及保安系统管理；喜欢浑水摸鱼的人，让他负责商品宣传，整天在外面跑来跑去。

三个人一听职务的分配和自己的个性相符，不禁大为兴奋，兴冲冲地走马上任。过了一段时间，因为这三个人的卖力工作，居然使工厂的营运绩效直线上升，生意蒸蒸日上。

每一个做领导的人，一定要注意考量员工的个性和能力。让有能力、个性适合的人在适合的岗位上。工作中有很多的领导，忽视员工之间的差异，盲目安排事情，最后结果可想而知。其实不仅对于上下级的工作安排是如此，个人自己做事的安排也是如此。对于一个人而言，可以做的事情很多，但真正做得好的事情一定是自己有意愿去做，而且适合做的事情。为此，我们一定要正确看待自己身上的优点和不足，主动把自己安排在合适的岗位上，同时用一个合适的目标来不断激励自己。

做事就要学会事情是有所差别的，不要把自己想象成万能的，也不要把别人想象成万能的，每一个人有自己适合做的事情，我们要想把事情做好，首要前提就在于把事情选对。

比照着目标做事，事半功倍

做事必须有目标，但是这个目标不应该过大。过大的目标本身对做事而言是一种负担。很多的人或许认为做事就要做到完美，因此一定要选择一个不断变化而且近乎完美的目标。事实上，当你选择这样一个目标的时候，你会发现不仅自己缺少持续努力的动力，而且最后的结果往往是偏离了目标。为此，你把目标固定在你力所能及的范围之内，每天进步一点点，日积月累，也将是巨大的成就。

哲学家漫步于田野中，发现水田当中新插的秧苗竟排列得如此整齐，犹如用尺量过一样。他不禁好奇地问田中的老农，是如何办到的。

老农忙着插秧，头也不抬，要他自己插插看。哲学家卷起裤管，喜滋滋地插完一排秧苗，结果竟是参差不齐，惨不忍睹。他再次请教老农，老农告诉他，在弯腰插秧时，眼光要盯住一样东西。

哲学家照做，不料这次插好的秧苗，竟成了一道弯曲的弧线。

老农问他："你是否盯住了一样东西？"

"是啊，我盯住了那边吃草的水牛，那可是一个大目标啊？"

"水牛边走边吃草，而你插的秧苗也跟着移动，你想这个弧形是怎么来的？"

哲学家恍然大悟，这次，他选定了远处的一棵大树，果然插出来的秧苗非常直。

老农并不比哲学家有智慧，但他懂得去比照目标做事。

时代在进步，我们每天都会接触很多新的东西，我们的目标显然也容易被我们改变，就像那头不断移动的水牛一样。我们固然要考虑实际变化来不断修正我们的目标，但是从本质上讲，我们的总体目标既然确定了，就应该不计一切机会成本地将它固定下来，让它成为我们做事的比照。大志者立长志，无志者长立志。选择一个移动的目标，实际上就是经常改变目标，这样会不断让我们以往的种种努力都付之东流，而且会让我们陷入目标的迷茫之中。因为目标是可以改变的，那我们的行动为什么不能改变呢？当行动改变的时候，我们必须重新调整自己。

做事，就要确定一个相对固定的目标，不要经常变动，否则容易顾此失彼，最终一事无成。

歧路亡羊，一鸟在手，胜过两鸟在林

目标的多少，决定了做事的成败。真正能成功的人，也许有多个目标，但是他往往牢牢地盯住一个。而经常失败的人，也许刚开始只有一个目标，但随着时间的推移，他又逐渐衍生出一大批的目标，到最后竟迷失了自己本来的目标。做事很多的人或许认为人还是要多一些目标才好，否则最后容易一无所获，毕竟不要把所有的鸡蛋放在一个篮子里。事实证明，真正一无所获的往往是那些有很多目标的人，因为他们的目标过多，所以他们的时间和精力没有办法集中，做事也无法做到"精诚所至，金石为开"。

主人的两头牛走失了，他吩咐仆人出去找。等了半天也不见仆人回来，主人只得自己出去寻找，看个究竟。在野地里，主人看到他的仆人正在那里来回瞎跑，就问他："你到底在干什么？"仆人回答："刚才我发现两头鹿，您知道，鹿茸非常值钱，所以不必找什么牛了。"主人说："那么你捉到鹿了吗？"仆人说："我去追朝东跑的那头鹿，谁知它跑得比我快。不过请放心，我记得朝西的那头鹿脚有点瘸，所以转过来再追它，相信我会捉到的。"

歧路亡羊，生活中充满着选择，也有着无数的诱惑。尤其是随着年纪的增大，见识的增加，人生越走越开阔，诱惑也就越来也多，可供选择的道路也就越多。真正成功的人在这时候善于去做减法，不断地将自己的选择机会缩小，不断地让自己聚焦，聚焦在自己认定的领域之中。

人要想获得大的成就，说容易并不容易，但是说难也并不难。如果别人一天做完的事情，你用 10 天的时间不断地去完善它，你做出来的结果一定会更好。就像爱因斯坦的小板凳一样，即便最后都很粗糙，但是总归是一个比一个好。只有这样保持和坚持下去，人怎么可能不成功呢？很多时候，有很多目标比没有目标更可怕，因为目标一多，精力就会分散，你的行动就缺少穿透力，缺少效果。我们不要指望着完美，不要指望着什么都得到。指望什么都得到的人，最后往往什么都得不到，生活已经无数次检验了这个真理。

做事，就要学会在做事的时候做减法，不要让过多的目标成为你的困扰，最后阻碍你的行动。

目标明确，机会就会降临

人生不缺少欲望，但是缺少理想。很多人做事凭借自己的欲望。而欲望是永无止境的，很难产生十分明确的目标，也很难得到别人的认同。因此最后很多人都在欲望中迷失了自己。而相反有理想的人，他能够将自己的目标不断地明确，当他的目标不断明确的时候，机会就会降临。他因为理想而有明确的目标，因为有明确的目标所以得到别人的帮助，最终得到机会。做事很多的人或许认为机会降临不降临，归根到底还是靠运气，毕竟人生来是有命的。但事实上并不是这样的。

一位年轻人在大学读书，有一天他向校长提出了改进大学教育制度弊端的若干建议。他的意见没被校长接受，于是他决定自己办一所大学，自己当校长来消除这些弊端。

办学校至少需要100万美元。上哪儿去找这么多钱呢？等毕业后去挣，那太遥远了。于是，他每天都在寝室内苦思冥想如何能有100万美元。同学们都认为他有神经病，做梦天上掉钱来。但年轻人不以为意，他坚信自己可以筹到这笔钱。

终于有一天，他想到了一个办法。他打电话到报社说，他准备明天举行一个演讲会，题目叫《如果我有100万美元》。第二天的演讲吸引了许多商界人士。面对台下诸多成功人士，他在台上全心全意、发自内心地说出了自己的构想。最后演讲完毕，一个叫菲利普·亚默的商人站了起来，说："小伙子，你讲得非常好。我决定投资100万，就照你说的办。"就这样，年轻人用这笔钱办了亚默理工学院，也就是现在著名的伊利诺理工学院的前身。而这个年轻人就是后来备受人们爱戴的哲学家、教育家冈索勒斯。

一个人有理想，就能产生明确的目标，有了明确的目标，在他的人格中就有一种坚毅坚强，这种坚毅坚强远远超过了成功的概念。我们来看那些得到贵人相助的理想主义者们，几乎都是依靠自己的明确的目标和坚毅坚强最终用行动打动和说服了别人。一个人有了坚毅坚强，在他的眼神和行动中就会产生光辉，这种光辉是为理想而奋勇献身的光辉。任何人都会欣赏这种品质，这正是一切成功的源泉。

做事就要学会坚守自己的理想，明确自己的目标，这样你才会得到贵人相助。其实，人生遇到贵人是一大幸事，这个贵人从根本上来说就是自己。

你将要登上你自己的顶峰

如果你不想，生活就不会产生奇迹。很多事情正是因为我们想，最后产生了奇迹。因为我们想，所以我们要，而因为我们要，所以我们的行动更加坚决和坚定。通过这种坚决和坚定的行为，我们超越了自己为自己设定的"极限"，最后做出了令自己都惊讶的奇迹。每一个人心中都曾经或者现在拥有一个顶峰，那是让我们骄傲的顶峰。但是绝大多数人都只是遥远地望着这个顶峰，却从来没有付出实际的行动，而只有极少数人一步一个脚印地朝着顶峰前进，最后取得了成功。很多人或许认为一个人做事成功不成功，取决于很多因素，并非全部在于是否想成功。确实是这样，但是如果你想成功，想登上你自己的顶峰，你就会有意或者无意地汇聚自己所有的资源和力量来使自己不断前进。这样的话，无论如何，你都比别人更有机会成功。

几年以前一支世界探险队准备攀登马特峰的北峰，在此之前从来没有人到达过那里。记者对这些来自世界各地的探险者进行了采访。

一位记者问其中的一名探险者："你打算登上马特峰的北峰吗？"他回答说："我将尽力而为。"

另一位记者问另一名探险者："你打算登上马特峰的北峰吗？"这名探

险者答道："我会全力以赴。"

记者问了第三个探险者同样的问题。他说："我将竭尽全力。"

最后，记者问一位美国青年："你打算登上马特峰的北峰吗？"这个美国青年直视着记者说："我将要登上马特峰的北峰。"

结果，只有一个人登上了北峰，就是那个说"我将要"的美国青年。他想象自己到达了北峰，结果他的确做到了。

自古成大事者都是理想集团，而非利益集团。我们要成就大事就一定要有自己的理想，而且一定要实现自己的理想。我们就应该对自己说"我将要"，甚至将这种"我将要"告诉所有的人，进而把他们的鼓励或者质疑当成自己行动的动力，最后成功登上自己的顶峰。

做事，就要不断超越自己所谓的极限，任何极限都是自己画地为牢，我们是有能量超越的。人的潜能相对于已经开发的部分，可以说是无限的。如何调动这无限的潜能呢？只有对自己说"我将要"，而且确确实实做到了。

用信心去鼓舞同行的人

在追求目标的过程中，一个人的实力过于弱小，伟大的目标需要一群人来实现。为此要想成就大事，除了不断自我鼓舞和激励外，还要善于用信心去鼓舞同行的人，要让同行的人和自己形成默契，形成共同的行动。很多人或许认为理想那么远，哪有时间去鼓舞同行的人？而且即使鼓舞他们，他们也很难志同道合。确实如此，当你没有成功的时候，你要想让别人信服你，很难。但是反过来想，如果你不能让别人信服你，你根本就不能取得成功。

古代的一位将军将要率军出征，与实力比他强十倍的敌军交战。在前进的途中，他下马在路旁的一座小庙里祈祷。

祷告后，他面对众人，拿出一枚钱币，说："现在我来掷钱问卜，如果钱币的正面朝上，那我们将大获全胜；如果正面朝下，就表示我们将会一败涂地。"

钱币掉在地上，是正面朝上，于是全军士气大振，士兵个个奋勇向前。

次日大战，果然将敌军打得落花流水，落荒而逃。

凯旋班师的途中，一位部将对将军说："神的旨意，谁也不能改变。"

将军笑笑，又拿出了那枚钱币，原来，钱币的两面都是正面。

我们不要吝惜时间去鼓舞同行的人，这些人将成为我们志同道合的伙伴。其实鼓舞同行的人的方法很多。商鞅在秦国进行变法的时候，他本身地位很低，又没有成功的经历，别人凭什么相信他？如果别人不相信他，即使他的变法内容再怎么好，最后都将成为一纸空文和纸上谈兵。为此商鞅想了"南门立木"的办法，最后获得了成功。而曹操有一次领兵打仗，士兵口渴，最后曹操也想到了"望梅止渴"这一招。事实上，做大事的人一定善于鼓舞同行的人，只有这样，才能汇聚成一种力量。否则单靠个人的努力，去做独行侠，永远都不可能走出多大的格局来。要鼓舞人，关键是要给别人信心，给别人看到未来前进的方向。

做事，就不要一个人埋头追求理想，而要善于调动别人的力量，这样往往能够事半功倍。通过调动别人的力量，进而促进自己的行动。在理想追求的路上，一个势单力孤、孤身只影的人不仅力量薄弱，而且很容易疲乏，遇到困难极少有坚持下去的。

只瞄准自己的目标

现代社会让我们的眼界变得十分开阔，而且理想和欲望也空前绝后。如果我们想什么都得到的话，最后的结果肯定是什么都得不到。为此我们在事业的征途中，一定要十分明确自己的目标，而且始终盯紧自己的目标。我们不要把别人的目标当成自己的目标，我们没有那么大的精力和能力。很多人或许认为单一的目标会让自己局促。事实上，单一的目标不仅不让自己局促，而且让自己更有成功的可能。我们要善于在人生的关键环节上集中最优势的资源，调动自己全部的能量和实力去做自己想做的事情。

老阿爸带着自己的三个儿子去草原打猎。四人来到草原上，这时老阿爸向三个儿子提出了一个问题：

"你们看到了什么呢？"

老大回答说："我看到了我们手中的猎枪，在草原上奔跑的野兔，还有一望无际的草原。"

老阿爸摇摇头说："不对。"

老二回答说："我看到了阿爸、哥哥、弟弟、猎枪、野兔还有茫茫无际的草原。"

老阿爸又摇摇头说："不对。"

而老三回答说："我只看到了野兔。"

这时老阿爸才说："你答对了。"

生活一次次向我们宣扬别人的伟大，以至于我们都想入非非地想成为别人。事实上，别人的成功和伟大，除了自身的优势和能力外，还有其他很多的环境因素。我们最终都不可能成为别人，我们最终只能成为自己。而一个人要成为自己，就必须经过独立思考，得出自己人生的目标。明确了自己的目标之后，我们就紧紧地盯着它，不要再朝三暮四，不要再朝秦暮楚，而要用自己的努力去实现这个目标。在成功的道路上，我们会看到别人的目标，也许会发现别人的目标比自己的好，这个时候我们很容易动摇。当我们发生动摇的时候，我们不仅失去了自己的目标，而且也不可能追求到别人的目标。

因为我们在追求别人的目标的时候，一定会发现更好的目标。于是人生就重复这样的循环，不断地半途而废，不断地自暴自弃，可想而知，最后的人生将是如何的暗淡无光。

做事就要学会只瞄准自己的目标，不要对别人的目标心怀幻想，不要试图成为别人，人最终只可能成为自己。

以一种享受的心境奔向目标

我们很多时候把目标说得很神圣，以至于自己很严肃和虔诚，以至于在追求目标的过程中，我们变得战战兢兢，如履薄冰。到最后我们由于过度紧张或者觉得太累，而放弃了目标。事实上，生活的目标是前进的方向，人有前进的方向本身是一件很享受的事情，证明人生将有了伟大的意义。为什么我们不能用一种享受的心境奔向目标呢？很多人或许认为以一种享受的心境奔向目标会让自己掉以轻心。事实上，追求目标的过程绝对不是一条险途，需要人们靠博取运气或者小心翼翼才能过去的。追求目标的过程中是一番坦途，那些过于紧张的人显然是对自己不够自信。

苏格拉底和拉克苏相约到很远很远的地方去游览一座大山。据说，那里风景如画。人们到了那里，会产生一种飘飘欲仙的感觉。

许多年以后，两人终于相遇了。他们都发现，那座山实在太遥远。他们就是走一辈子，也不可能到达那个令人神往的地方。

拉克苏沮丧地说："我竭尽全力奔跑过来，结果什么都没有看到，真叫人伤心。"苏格拉底掸了掸长袍上的灰尘，说："这一路有许许多多美妙的风景，难道你都没有注意到？"

拉克苏一脸的尴尬神色："我只顾朝着遥远的目标奔跑，哪有心思欣赏沿途的风景啊！""那就太遗憾了。"苏格拉底说，"当我们追求一个遥远的目标时，切莫忘记，旅途处处有美景！"

我们盯紧目标，那是我们人生的方向。但是我们也要学会享受，正如一首歌唱的那样"再多的成就无人分享也不圆满"。我们要有目标，要学会让自己轻松，也要学会让身边的人轻松，我们只有以一种轻松的心境去不断追求，最后才有目标实现的可能。否则的话，人一生紧紧张张，就容易局促，这样即使获得了成功又怎么样，生活本身就已经失去了意义。更何况这种心境和状态根本就不可能获得成功。

做事就要学会享受过程，不要让目标成为自己人生的负担，而要让它成为自己的追求，成为自己可以享受的一切。我们是在目标中不断地前行，我们目标实现只是一瞬，目标实现的那一刻归根到底是没有意义的。人真正有意义的是目标追求的过程中，那种付出，那种艰辛，都是日后回忆起来最美丽的一幕。

大目标一定要善于分解

人生要想走出格局，必须有一个大目标。只有大目标才能产生大格局。但是大目标容易产生一个问题，就是目标太大，以至于让人气馁。为此，我们要善于将大目标分解成小目标，然后分解到日常生活的每一天，我们每一天都将自己今天要做的事情尽善尽美，最后组合起来我们的大目标也将得以实现。很多人或许希望一朝一夕能实现所有的目标，然后一劳永逸。抱着这种想法的人，他所坚持的大目标根本就不是值得追求的。真正的大目标绝对不是一朝一夕能实现的。如果追求一劳永逸，人生的比赛就等于提前散场了。

1984 年，在东京国际马拉松邀请赛中，名不见经传的日本选手山田本一出人意料地夺得了世界冠军，当记者问他凭什么取得如此惊人的成绩时，他说了这么一句话："凭智慧战胜对手"。当时许多人都认为他在故弄玄虚。马拉松是体力和耐力的运动，说用智慧取胜，确实有点勉强。两年后，意大利国际马拉松邀请赛在意大利北部城市米兰举行，山田本一代表日本参加比赛又获得了冠军。记者问他成功的经验时，性情木讷、不善言谈的山田本一仍是上次那句让人摸不着头脑的话："用智慧战胜对手"。

10年后，这个谜终于被解开了。山田本一在他的自传中这么说："每次比赛之前，我都要乘车把比赛的线路仔细地看一遍，并把沿途比较醒目的标志画下来，比如第一个标志是银行，第二个标志是一棵大树，第三个标志是一座红房子，这样一直画到赛程的终点。比赛开始后，我就以百米的速度奋力地向第一个目标冲去，等到达第一个目标后又以同样的速度向第二个目标冲去。40多公里的赛程，就被我分解成这么几个小目标轻松地跑完了。起初，我并不懂这样做的道理，我把我的目标定在40多公里处的终点线上，结果我跑到十几公里时就疲惫不堪了，我被前面那段遥远的路给吓倒了。"

我们永远都不要被自己前面的路吓倒，我们不要始终把目光盯得太遥远，我们必须做好眼前的事情。通过眼前事情的积累，最后推动自己整体目标的实现。生活中不缺少大目标，每一个人都曾经有过宏图伟愿，但是生活中缺少持续努力，那种水滴石穿的精神和日复一日、年复一年的坚持。

做事，就要学会将自己的大目标分解成小目标，然后一个个地去实现它，千万不要试图"一口气吃掉一个胖子"。

把最想实现的目标放在第一位

人生有个大目标，我们把大目标不断分解成可实现的小目标。但是即使是这些小目标也有大有小。在日常工作中，我们要善于寻找其中最想实现的目标，先集中精力将这个目标实现，然后去实现其他的目标。很多人或许穷尽一生时间都在寻找最容易做的事情，而没有给自己的目标设定一个先后顺序，没有给目标确定轻重缓急。我们不能用一生的时间去做边角料，我们的生命来之不易，要充分利用好生命的每一天每一时，要充分去实现我们最想实现的目标。

"我们来做个小测验。"专家拿出一个几公升大的广口瓶放在桌上，随后他取出一堆拳头大小的石块，把它们一块块地放进瓶子里，直到石头高出瓶口再也放不下了。他问："瓶子满了吗？"所有的学生答道："满了。"专家一笑，从桌子下取出一桶更小的砾石倒了一些进去，并敲击玻璃壁使砾石填满石块的间隙。他问："现在瓶子满了吗？"这一次学生有些明白了："可能还没有。"专家说："很好！"他伸手从桌下又拿出一桶沙子，把它慢慢倒进玻璃瓶，沙子填满了石块所有间隙。他又一次问学生："瓶子满了吗？"学生们大声说："没满。"专家点点头，拿过一壶水倒进玻璃瓶，直到水面与瓶口齐平。他望着学生，问："这个例子说明了什么？"一个学生举手发言："它告诉我们，无论你已经把工作、学习安排得多么紧凑，如果你再加把劲，还可以干更多的事！"

"不。"专家说，"那还不是它的寓意所在。这个例子告诉我们，如果你不先把大石块放进瓶子里，那么你就再也无法把它放进去了。那么，什么是你生命中的大石块呢？你的信仰、学识、梦想？或是和我一样，传道、授业、解惑？切着先去处理这些'大石块'，否则你就会终生错过了。"

先放进"大石块"，就如同 ABC 分类工作法，先做重要的事情。大石块中放入沙子、水，就如同统筹工作方法。

什么是我们的大石头？这个必须明确。我们生活中的石头太多太多，即使每天要做的事情也很多。有些事情虽然很小，但是很费时间，我们做的话会得不偿失。为此我们要善于把自己一天的目标分类，首先集中精力放"大石头"，然后再去放"小石头"，这样我们的一天的时间才充实和有效。

做事就要学会明确什么是大？什么是小？什么是主？什么是次？什么是重要？什么是补充？不要让各种纷繁复杂的事情搅乱了我们的思考。

永远都不要等

当你有目标的时候，永远都不要等。时机不是等来的，而是你推动出来的。很多人或许认为，一定要等到时机，结果他们等了一辈子，最后都忘了自己曾经想做什么。

哥伦布还在求学的时候，偶然读到一本毕达哥拉斯的著作，知道地球是圆的，他就牢记在脑子里。

经过很长时间的思索和研究后，他大胆地提出，如果地球真是圆的，他便可以经过极短的路程而到达印度了。

自然，许多大学教授和哲学家们都耻笑他的意见。他们告诉他：地球不是圆的，而是平的。然后又警告道，他要是一直向西航行，他的船将驶到地球的边缘而掉下去……这不是等于走上自杀之途吗？

然而，哥伦布对这个问题很有自信，只可惜他家境贫寒，没有钱让他实现这个冒险的理想，他想从别人那儿得到一点钱，助他成大事，他一连空等了 17 年，还是失望。他决定不再等下去，于是启程去见皇后伊莎贝露，沿途穷得竟以乞讨糊口。

皇后赞赏他的理想，并答应赐给他船只，让他去从事这种冒险的工作。为难的是，水手们都怕死，没人愿意跟随他去，于是哥伦布鼓起勇气跑到海滨，捉住了几位水手，先向他们哀求，接着是劝告，最后用恫吓手段逼迫他们去。一方面他又请求女皇释放了狱中的死囚，允许他们如果冒险成大事者，就可以免罪恢复自由。一切准备既妥，1492年8月，哥伦布率领三艘帆船，开始了一次划时代的航行。刚航行几天，就有两艘船破了，接着又在几百平方公里的海藻中陷入了进退两难的险境。他亲自拨开海藻，才得以继续航行。在浩瀚无垠的大西洋中航行了六七十天，也不见大陆的踪影，水手们都失望了，他们要求返航，否则就要把哥伦布杀死。哥伦布兼用鼓励和高压，总算说服了船员。也是天无绝人之路，在继续前进中，哥伦布忽然看见一群飞鸟向西南方向飞去，他立即命令船队改变航向，紧跟这群飞鸟。因为他知道海鸟总是飞向有食物和适于它们生活的地方，所以他预料到附近可能有陆地。哥伦布果然很快发现了美洲新大陆。

可以想象，如果哥伦布再等下去，必然会一生蹉跎"空悲切，白了少年头"，美洲大陆的发现者可能改换他人了，成大事者的桂冠永远不会属于哥伦布了。哥伦布最终成了英雄，从美洲带回了大量黄金珠宝，并得到了国王的奖赏，以新大陆的发现者名垂千古，这一切都是行动的结果。

做事，就要有积极的行动，人生是逆水行舟的过程，不要去等潮起的时候，一定要行动，哪怕处于逆境，也要用自己的行动来克服。

不要怕，不要悔

人生充满了不可测，胆小懦弱的人充满恐惧，但只有真正勇敢的人才对这种不可测充满了兴趣和热情。事情经历多了，一切就能处之泰然。等到晚年回想往事的时候，我们经常会听到这样两种说法："当年错过了那么多好机会"；"这辈子过得真痛快，真的还想再来一次。"其实，显而易见，我们看得出哪种是勇敢的人的说法。很多人或许会有一种天生的恐惧，事实上不妨考虑一下我们还小的时候，我们根本就没有恐惧，那时候叫"初生牛犊不怕虎"。其实人生不就是靠这样一种精神而取得成功的吗？世界不就是靠这样一种精神而最终成就伟大的吗？

30年前，一个年轻人离开故乡，开始创造自己的前途。他动身的第一站，是去拜访本族的族长，请求指点。老族长正在练字，他听说本族有位后辈开始踏上人生的旅途，就写了三个字：不要怕。然后抬起头来，望着年轻人说："孩子，人生的秘诀只有六个字，今天先告诉你三个，供你半生受用。"

人生没有失败，所以不要去害怕什么。别人能做到的，我同样能够做到；别人做不到的，我为什么不能做到。有了这种感悟，就不要再担心以后会发生什么。以后除了一次次失败，一次次成功，什么都不会发生。人生是没有失败的。人最终都会取得成功。

30年后，这个从前的年轻人已是人到中年，有了一些成就，也添了很多伤心事。归程漫漫，到了家乡，他又去拜访那位族长。他到了族长家里，才知道老人家几年前已经去世，家人取出一个密封的信封对他说："这是族长生前留给你的，他说有一天你会再来。"还乡的游子这才想起来，30年前他在这里听到人生的一半秘诀，拆开信封，里面赫然又是三个大字：不要悔。

我们只有不害怕，才能不后悔。生活对于我们每一个人来说，都充满着奇迹，我们的生命之所以充满着光辉，正是因为我们能够创造奇迹。当我们面对不可知的世界的时候，我们盘活自己做事的脑筋吧，勇敢地接受它，用一种喜悦和热情去成就它。

贪图安逸是人生的地狱

人不能像动物一样贪图安逸地活着，人要有追求和理想。对于很多人来说，要做到安逸，确实很容易，但是一个人如果贪图安逸，人生就失去了很多的乐趣。很多人总是想着赶紧将事情打理完，然后很是安逸地休息。以这样一种工作态度，永远做不出完美的工作。我们要学会抛弃贪图安逸的想法，即使不能做到"工作就是对完美工作最高的奖赏"，但至少我们要做到不断地激励自己去将事情做好，让自己不断获得提高。

有一个人死后见到了上帝，上帝问他有没有想过死后的生活如何安排。这个人不假思索地回答："我在人世间辛辛苦苦地忙碌了一辈子，我现在只想吃，只想睡，我讨厌工作。"

上帝说："既然是这样，那么你去地狱吧，那里有你想要的一切。"

这个人一听，便到地狱住了下来。地狱里有山珍海味，这个人想吃什么就吃什么，从来没有人阻挠；有舒适的床铺，这个人想睡多长就睡多长，没有人来打扰。而且没有任何人要求这个人做什么事情。

刚开始几个月，这个人吃吃睡睡，过得很是惬意。但是，渐渐地，他感觉到有点寂寞和空虚，于是他去找上帝说："这种吃吃喝喝的日子过久了一点意思都没有，能不能给我安排一份工作？"

上帝说："在地狱里从来就不曾有工作。"

贪图安逸意味着人生的及早结束。人遇到困难，就会激发挑战，有了挑战，就有了挑战成功后的喜悦。这种喜悦是贪图安逸的人永远都体会不到的。我们追求成功，追求卓越，就必然会用一种坦然的心情来面对挑战。正是因为事情有了挑战，我们的成功才显得那样弥足珍贵。我们的人生其实就像大海里航行的船一样，必然会经历各种各样的风浪，我们如果颓然后退也可以，那样我们的人生就会沉沦，而且从哪里后退的，我们的人生就会在那里形成一个阴影，让自己一生都不痛快。为此，做人做事很多时候都是个选择题，但是我们没有选择放弃的权力。

做事就要学会放弃贪图安逸的思想，不要尽挑最容易的事情来干，那种最容易实现的事情，不会让自己有所提高，相反会让自己虚浮。我们要坦然接受做事的不容易，然后用尽一切办法把事情做好。

给自己的目标一个落点，不要让它飘忽

无论多么伟大的人，多么伟大的事，都是一个个小成就积累而成的。为此，我们不要指望一下子获得多么大的成功，不要指望自己的事情具有多么伟大和崇高的意义。我们需要一步一步地走，通过不断积累的小成功，最后造就大成功。很多人可能会奢望一下子把事情做得尽善尽美，于是总将目光放到很宏伟的目标上。事实上，如果不能先把目标放小，我们最后的大目标往往也会失去方向。

在雪地里行军是一件十分危险的事情，因为它极容易让人患上雪盲症，最后因此而迷失方向。之所以出现这种情况，原因绝不仅仅是雪的反光太刺眼，因为即使戴上墨镜，雪盲症依然不可避免。

后来根据美国陆军研究部门得出的结论：雪盲症之所以出现，并非是因为雪地的反光刺眼，而是因为雪地空无一物。其实人的眼睛总是在不知疲倦地探索世界，从一个落点到另一个落点。人们潜意识地搜索着眼光可以着陆的地方。但是在雪地里，人们的眼光连续搜索最后还是找不到任何落点，因此会因为紧张而失明。

最后，美国军队探索出了应对雪盲症的办法。即派先驱部队摇落常青灌木上的雪。通过这种方式，原来一望无垠的白雪中出现了一丛丛、一簇簇的绿色景物，人的目光便有了落点。

人生的目标也是如此，我们一直在搜索落点，如果落点是遥远的未来，我们有可能会迷失自己的方向。为此我们要不断地给自己树立较为近期的落点，通过落点的实现，我们保证航程的顺利完成。

我们不断设定小目标，并非是降低自己的要求。我们需要小目标，正是因为我们不想放弃对自己理想的追求。做事情的冲动和激情，不能点燃理想的火焰，只有回到人生活的常态和生命的常态，用日复一日、锲而不舍的追求，从小目标开始，慢慢地滚雪球，最后滚成大目标，成就自己的理想。

做事，就要学会对目标进行分解，不要被大目标给吓倒，要善于把它分解成为一个个触手可及的小目标，然后通过持续的努力，推动小目标的实现。当然也不要过于迷恋于小目标，最后把自己做小了。

第二章　不断地舍弃，才能持续得到

　　有舍有得，我们要得到，首先要学会舍弃，只有
通过不断地舍弃，我们才能持续得到。

放得高，才能激起热情

做事，态度是至关重要的。但影响做事态度的，不仅仅是做人的态度。事情本身的吸引力也决定了人们的态度。有些时候，事情太容易，我们会产生松懈，最后导致很容易的事情也没有办好。所以无论是我们自己做事情，还是给别人安排事情，设计一点难度未尝不是好事。很多人可能会认为事情越容易，人们越愿意做。事实上，在现实生活中，很多时候还真是事情越难，人们做事情的愿望就越高，事情也就越容易做到完善。

一位游人旅行到乡间，看到一位老农把喂牛的草料铲到一间小茅屋的屋檐上，不免感到奇怪，于是就问道："老公公，你为什么不把喂牛的草放在地上，方便它直接吃呢？"

老农说："这种草草质不好，我要是放在地上它就不屑一顾；但是我放到让它勉强可以够得着的屋檐上，它会努力去吃，直到把全部草料吃个精光。"

我们做事一定要放得高，首先要把事情的意义放得高。我们不是为了做事而做事，在做事的过程中，我们会有很多的收获，这些收获远远大于我们做事的本身。事实上，正是那些将做事不单纯看成是事情本身的人，最终获得了大成功。而那些将事情看成是事情本身的人，最后得过且过，做一天和尚撞一天钟。最终也消耗了自己的一生。我们永远都要对自己所从事的事情存在想象空间。通过想象空间，我们给自己一个将事情做到完善的理由。

我们做事要放得高，还需要将事情本身的要求放得高。做事谁都会，但是能将事情做好，并不是所有的人都能做到的。我们要学会在自己的心里树立一个事情做得很好的标杆，然后不断去超越这个标杆。通过这种方式，我们会逐渐将事情做到优秀。

做事就要学会不断地将自己要求放高。而要放高自己的要求，就要对自己苛刻起来，要学会通过标杆对比，要有竞争的意识，一定要超越目前做出最好的成绩。只有通过这样的意识，我们才能不断激发自己做事的热情，不断地将事情做到尽善尽美。

学会放手，不要让小得失葬送自己

常胜将军不是百战百胜，追求百战百胜目标的人，因为太在意成功，最终难免会遭遇惨败。相反正是那些善败的人，才创造了一个又一个奇迹。很多时候，对待小的得失，我们要学会放手，我们要学会去失败，不要过于偏执，不要过于顽固。事实上，当我们放手的时候我们会发现开启了另外一个新的天地。很多人往往会坚持自己的意见，从不让步。这种做事的方式，不仅让别人和他们很难合作，而且自己也不会有提高。

非洲土人用一种奇特的狩猎方法捕捉狒狒：在一个固定的小木盒里面，装上狒狒爱吃的坚果，盒子上开一个小口，刚好够狒狒的前爪伸进去，狒狒一旦抓住坚果，爪子就抽不出来了，人们常常用这种方法捉到狒狒。

因为狒狒有一种习性，不肯放下已经到手的东西。人们总会嘲笑狒狒的愚蠢：为什么不松开爪子放下坚果逃命？审视一下我们自己，也许就会发现，并不是只有狒狒才会犯这样的错误。

我们在做事的过程中，要学会放手，有的时候不要过于坚持，尤其是和别人合作的时候，如果每一个人都认为自己无比正确，都顽固地坚持自己的意见，那么就不会有合作。而如果没有合作，单凭个人的力量，很难做很伟大的事情。

在做事的过程中，我们还要学会不断地反省自己，学会通过别人的角度来看待自己。别人发表意见，肯定有他的道理，我们要虚心地站在别人的角度来考虑别人的意见，不要始终站在自己的角度，更不要假装从别人的角度思考问题，然后还是顽固地坚持自己的意见。一个能接受别人意见的人，往往能够做更大的事情，因为有更多的人愿意帮助他。

要学会放手，还要学会将自己过去的经验放下，无论是成功的，还是失败的。我们不能仅凭自己的经验去做事情。很多经验只不过是在特定的时间正确，没有那种特定的时间和环境以后，经验就已经显得局促和狭隘了。为此，我们不能固守自己的经验，认为自己以前就是这样做的，效果也不错。以后遇到事情都这样做，这种做法何尝不是某种意义的刻舟求剑呢？最后的结果是不言而喻的。

不要超过自己的能力极限

人都有极限，不可能成为超人，为此做人做事一定要明白自己的极限。在自己的极限里面量力而为，千万不要逞强。有些事情超过了自己的能力，就一定要学会放弃。很多人或许认为如果能做超越自己能力的事情，那么就能创造奇迹。事实上，真正的奇迹不是超越自己的极限，而是在量力而为范围内的长久坚持。

一位武术大师隐居于山林中。人们都千里迢迢来跟他学武。

人们到达深山的时候，发现大师正从山谷里挑水。他挑得不多，两只木桶里水都没有装满。

人们不解地问："大师，这是什么道理？"

大师说："挑水之道并不在于挑多，而在于挑得够用。一味贪多，适得其反。"

众人越发不解。

大师笑道："你们看这个桶。"

众人看去，桶里画了一条线。大师说："这条线是底线，水绝对不能超过这条线，否则就超过了自己的能力和需要。开始还需要画一条线，挑的次数多了以后就不用看那条线了，凭感觉就知道是多是少。这条线可以提醒我们，凡事要尽力而为，也要量力而行。"

众人又问："那么底线应该定多低呢？"

大师说："一般来说，越低越好，因为这样低的目标容易实现，人的勇气不容易受到挫伤，相反会培养起更大的兴趣和热情。长此以往，循序渐进，自然会挑得更多、挑得更稳。"

人要成就一番事业就必须有自知之明。在做事情的过程中，我们要明白自己的极限，千万不要去做超越自己极限的承诺。很多时候，我们会把事情想得过于简单，认为只要去做，就一定能够成功。事实上，在很多事情面前，我们是无能为力的。我们不要对别人做过分的承诺，我们只应该承诺我们确信能做到的事情。如果过分承诺的话，我们不仅会让自己失信于人，而且也会耽误别人的事情，这本身是我们不愿意看到的。这也是通常人们说的：想帮忙，结果给别人帮了倒忙。

做事，就要有自知之明，不要头脑发热，去承诺做很多自己根本无法确信的事情。人固然需要迎接挑战，但迎接挑战并不是乱承诺。在做事情的过程中，我们每一个人都应该学会少承诺，多做事，这样长久坚持，我们不仅能够赢得别人的尊重，而且也有可能创造出奇迹，不断地提升自己的能力。

活着就是胜利，痛苦也是幸福

人做事情，有些时候，过于专注，往往忘记了事情的本质，最后本末倒置，事情过程做得很完美，但方向却完全错了。很多有事业心的人，拼命地想创造一番事业，潜意识是想证明自己的价值，但是他们忽略了生活，最终即使取得了很大成就，也无人分享。更何况，一个不能活在生活常态中的人，很难获得成功。其实不管未来事业成功与否，我们都要记住：活着就是胜利，痛苦也是幸福。

一位钱币商和一位卖烧饼的小贩，同时被一场洪水困在了一个野外的山岗上。两天后，钱币商身上带的吃的东西都光了，只剩下了一口袋钱币。而烧饼贩子则还有一口袋烧饼。

钱币商提出一个建议，要用一个钱币买烧饼贩子一个烧饼。若是在平时，这是再便宜不过的事了，此时烧饼贩子却不同意，认为发财的机会到了，就提出要用一口袋烧饼换一口袋钱币。钱币商同意了。

一天又一天，洪水还是没有退下去，钱币商吃着从烧饼贩子手里买来的烧饼，而烧饼贩子则饿得饥肠辘辘，最后实在忍不住了，他就提出来要用这口袋钱币买回他曾经卖出的而如今数量已不多的烧饼，钱币商没有完全答应他的条件，只允诺他用 5 个钱币换一个烧饼。

洪水退去后，烧饼全部吃光了，而一袋钱币又回到了钱币商的手中。

我们追求事业是有假设前提的。我们首先确定自己是个能"吃饱饭"的人，就像马斯洛的需求理论所说的一样，人首先要满足自己的生理需求。但经常看到有些所谓的事业狂，对事业成功的痴迷，结果不断地破坏生活，最终也一事无成。我们在追求事业的过程中，一定要懂得生活的重要性，不要让事业的理由来破坏生活的完整。不论事业成功与否，我们都要坚信活着就是胜利，痛苦也是幸福。只有抱着这样的信念，人无论在何种境地，都会保有一份轻松愉悦的心情，这正是事业成功的有效保障。

做事，就要明确事业和生活的关系。生活是事业的基础，好的生活是事业成功的保障。无论我们的事业处于何种境地，我们都要相信活着就是胜利，痛苦也是幸福，只有这样，我们才能永远在通往事业成功的道路上前行。

适时抛弃固有的狭隘

做事业一定要适时抛弃固有的狭隘。随着事业不断上新的台阶，人也会随之不断进步。当我们在不断进步的时候，我们一定要懂得适时抛弃过去，不要让固有的观念来阻碍我们未来的发展，不要让过去成为我们的负担。正如人们常说的是一样，经营10000个人的企业，和经营100个人的企业有着最本质的区别。为此，我们要想把事业不断做大，我们就要善于不断学习，不断提高。而要做到这一点，抛弃固有的狭隘显得尤为重要。

一个乞丐懒洋洋地斜躺在地上，在他面前放着一只破碗，旁边还放着一根讨饭棍。每天都有很多人从他跟前经过，有的人见他很可怜，就在他的破碗里丢几个硬币。

有一天，在这个乞丐的面前出现了一个穿戴非常整齐的年轻律师，这个律师对他说："先生您好，您的一个远房亲戚不幸去世了，留下了3000万美元的遗产，根据我们的调查，您是这笔遗产的唯一继承人，所以请你在这份文件上签个字，这笔遗产就属于您的了。"一瞬间，这个人从一无所有的乞丐变成了富翁。

有个记者采访他："您得到这笔3000万的遗产后，最想做的是什么事呢？"这个人回答说："我首先要去买一只像样一点的碗，再去买一根漂亮的棍子，这样我就可以像模像样地讨饭了。"

随着时间的流逝和事业的进步，我们都不可能回到从前。从前对于我们每一个人来说都是过去，在过去中我们有过经验，也有过教训。我们今天的成就正是在经验和教训的基础上获得的。但是经验和教训毕竟属于过去，过去的经验和教训有些已经不适合我们今天的实际了，为此需要果断地抛弃。在事业上，我们不要做一个过于恋旧的人，否则的话，容易让自己过于保守，过于保守的人很难开创新的天地。

做事，就要学会在不断学习和进步的过程中，适时抛弃固有的狭隘。不要让固有的狭隘成为我们的负累。我们要做一个有大成就的人，就要抬头向前看，我们要有不断学习的动力和行动。通过不断地学习，我们蓄积自己的力量，不断将事业推向新的高峰。

给予之后才会有回报

每一个人都想得到一些美好的东西，对自己生命有价值的东西。尽管大家都知道要想得到首先必须付出，但是很多时候，我们往往更加注重得到，而忽略了付出。做事业的人，要想获得不朽的功勋，就需要付出很多。很多人可能会幻想一种不需要付出，但也能得到很多的办法。这种情况是不存在的。一个不需要付出的得到，终究不能持久。人之所以能得到很多，正在于他付出得更多。

有个人在沙漠里迷失了方向，饥渴难忍，濒临死亡。可他仍然拖着沉重的脚步，一步一步地向前走，终于找到了一间废弃的小屋。在屋前，他发现了一个吸水器，于是便用力抽水，可滴水全无，他气恼至极。忽又发现旁边有一个水壶，壶口被木塞塞住，壶上有一个纸条，上面写着："你要先把这壶水灌到吸水器中，然后才能打水。但是，在你走之前一定要把水壶装满。"他小心翼翼地打开水壶塞，里面果然有一壶水。

这个人面临着艰难的选择，是不是该按纸条上所说的，把这壶水倒进吸水器里？芽如果倒进去之后吸水器不出水，岂不白白浪费了这救命之水？相反，要是把这壶水喝下去就会保住自己的生命。一种奇妙的灵感给了他力量，他决心按照纸条上说的做，果然吸水器中涌出了泉水。

他痛痛快快地喝了个够，休息了一会儿，他把水壶装满水，塞上壶塞，在纸条上加了几句话："请相信我，纸条上的话是真的，你只有把生死置之度外，才能尝到甘美的泉水。"

我们用生命的热忱去追求很多成就。我们要学会去付出，千万不要指望没有任何付出，馅饼会从天而降。天上掉馅饼的事情，也只会砸在有准备的头脑上。更何况，如果没有大量的付出，没有曾经痛苦的经历，我们就不会体会成功的意义和幸福的价值。对于做事业的人而言，付出和收获永远是成正比的。当你付出得越多的时候，即便你最后得到的物质没有那么多，但你的精神财富将积累如山，这是人最大的财富和价值所在。

做事，就要学会给予。将欲取之，必先予之。我们要懂得付出，我们要在付出中去收获，而不要总幻想着得到。我们要用一种长远而又富有建设性的眼光来看待付出问题，不要存有一夜暴富的心理。

最大的热忱去做最有意义的事情

人最终都难免一死，这个结局对任何人来说是完全相同的。但不同的是，有些人人生很有价值，做了很多了不起的事情。而有的人一生都只是完成一些琐碎的事情。显然，几乎所有的人都希望或者曾经希望过前面一种人生，但是事实上，生活中绝大多数人选择的是后面一条道路。为此，我们要学会自我反省，我们必须十分清醒地知道我们到底在做什么，不要到最后一生都只是完成一些琐碎的事情。"多想给自己的人生写一篇散文，结果最后写成了应用文，连修改都无处下笔。"很多人或许一生都有做不完的工作，应付不完的差事。事实上，反思一下，真有价值吗？

如果让你花一元钱，可以买到你哪一天会死的信息，你买不买？

友人说不会去买。人生最大的痛苦莫过于知道自己哪天死。最好的死亡方式是：让死亡突然间来临，来不及思考，生命突然终止。

"我怕死亡突然来临时，还有许多想做的事没有做。不过，我也不想知道得太早，提前 10 天让我知道就行。"

有一个朋友非常愿意支付这笔钱以得到自己死期的信息。他还愿意把 5 天的时间给家人，好好陪他们。5 天的时间给他自己，做自己最喜欢做的事情。他说一定要和所爱的人在一起，开着车带她穿过大森林。

我们要有末日思考的习惯。假如今天是我生命中的最后一天，我们应该做什么？显然我们应该做最有价值和意义的事情。如果一个人对自己做事情的价值和意义都没有判断的话，这个人也就失去了独立思考的能力。即使未来这个人事业很成功，我们也只能说他无非是撞大运。我们相信谋事在人，事业的成功一定有很大程度的人生战略谋划因素。我们要反思自己所做的事情，让我们做的每一件事情都有更大的意义。而只有当我们赋予我们所做的事情以意义的时候，我们才能用一种热忱和专注去坚持做这些事情，而不是去应付和交差。当我们能够倾注热忱和专注的时候，我们的事业才会取得更大的圆满，我们的人生意义也因此而更加重大。

做事，就要明确人生的战略和事情的意义。我们要倾注最大的热忱去做最有意义的事情。

傻孩子才有真智慧

小聪明只能做小生意，真正的大事业需要一种"傻"。"傻"是一种大智慧，就像呆若木鸡的人往往是最勇敢和最智慧的一样。正是因为"傻"，我们不会那样斤斤计较，凡事会看得长远；正是因为"傻"，我们会让别人放心和自己交往，建立长久的合作。很多人唯恐自己不精明，唯恐别人不知道自己精明。事实上，这种态度，无论是做事还是做人，都很难做出大的格局来。

美国第九届总统威廉·亨利·哈里逊出生在一个小镇上。他是一个很文静又怕羞的孩子，人们都把他看作是傻瓜。镇上的人常常喜欢捉弄他。他们经常把一枚5分的硬币和一枚1角的硬币扔在他面前，让他任意捡一个。威廉总是捡那个5分的，于是大家都嘲笑他。

有一天，一位妇人看他很可怜，便对他说："威廉，难道你不知道1角要比5分值钱吗？"

"当然知道，"威廉慢条斯理地说，"不过，如果我捡了那个1角的，恐怕他们就再也没有兴趣扔钱给我了。"

我们所说的"傻"，不是智商上的迟钝，而是一个人为了长远利益，适当放弃眼前利益；为了情谊，适当放弃利益。能够设身处地为别人多考虑，而不是随时随地打自己的小算盘。在追求事业的过程中，我们需要有志同道合的人，我们需要有很多人帮助。为此，我们必须去团结更多的人，让他们形成自己的助力。但试想，一个处处为自己着想的人，一个唯恐自己吃亏的人，会以什么样的品格和行动去吸引别人呢？显然是无法吸引别人的。鲍叔牙是个很"傻"的人，和管仲一起做生意，管仲出的本钱很少，但是最后要的收益却很多。鲍叔牙对此没有任何意见。别人都说鲍叔牙傻，但是鲍叔牙却说管仲需要去养老母亲。最后事实证明，正是这种"傻"，让鲍叔牙赢得了一位知己，也为齐国赢得了一位平天下的人才。

做事业必须与人交往，在与人交往的过程中，我们不妨舍弃精明，不要过于清明，要用一种"傻"的智慧去包容别人的缺点，允许别人犯错。

做事就不要显得过于精明，有些事情要有傻劲，正是这种"傻"，才是真智慧的表现。

舍弃过去，才能拥有未来

每一个人都有过去，大多数人都有过较为痛苦的经历。有些人能够从中汲取到走向未来的力量，而有的人则沉湎于过去，不能自拔。对于每一个事业的远行者，要想获得未来，就必须从过去中摆脱出来，不要让过去成为自己的负担。很多的人固守着自己的过去，为了错过日出而流泪，结果，他们又一次错过了群星。

燕雀、荆棘和海鸥听说大海是个广阔的市场，到那里的人们都能挣到很多钱，于是它们决定一起去闯荡一番。

燕雀变卖了所有的家当，又四处奔波，东挪西借，凑到一笔本钱带上了；荆棘想做服装生意，于是进了各式各样的衣服；海鸥想："海上的人食物很单调，我就贩卖罐头吧，不会变质，肯定受欢迎。"它们怀着各自美好的梦想上船了。

但是，它们的美梦很快就泡汤了，一场突如其来的暴风骤雨把它们的船打翻了，燕雀装本钱的箱子，还有荆棘和海鸥的货物全都沉到了海底。唯一幸运的是，它们三个都平平安安地回到了陆地上。

燕雀垂头丧气，担心遇到债主，白天就躲藏起来，到了夜深人静的时候才谨慎地出来觅食；荆棘一直在想，说不定自己的衣服被海上的人捡到了穿在身上，于是派它的亲戚朋友站在路边，有人路过就拉住别人不放，看看究竟是不是自己的衣服；海鸥也心有不甘，整天在海上盘旋，琢磨着罐头可能会沉到什么地方，时不时潜下水去寻找。

它们一直都这样，以至于它们的后代还在不停地逃避和寻找失去的东西。

从某种意义上讲，对于我们每一个人来说，过去没有任何意义。我们要想拥有未来，就必须不断地朝前看。我们做事业，固然需要从过去的经验教训中获得力量和智慧，但是我们不能将我们的目标永远地放在过去。

做事，就要学会朝前看，不要拿过去的目标来考量自己，不要拿过去所谓的教训来局限自己的行动。我们要有一种舍弃过去的心态，一个不能舍弃过去的人是一个懦弱的人，他们因为过去受了伤，所以他们沉湎在过去的伤害中不能自拔。

食无求饱，居无求安

有的人做事业追求一劳永逸，他们没有持续努力的动力，只希望哪天天上掉下一个馅饼，不偏不倚地砸在自己的头上。正因为抱着这样的心态，他们往往很难坚持将一件事情做到完善。他们总是不断移动着自己的目标，最后也不断地遭遇失败。为此，我们必须要做到目标坚定。而要做到目标坚定，我们首先要有一个很明确的心态。那就是做事业不要追求安逸，食无求饱，居无求安，很多时候会给我们更多的动力。很多人或许认为，一个人如果没有安逸的生活，怎么有可能去做事业？但事实上，我们发现真正创造奇迹，成就丰功伟业的人都是那些条件不完全具备的人。他们通过自己的艰苦，最终获得了事业上的成功。

养鸟的人捕了许多鸟，关在鸟笼里，天天观察，到时喂给食物。鸟尾巴毛长了，随时给剪短；每天挑出肥的来，送到厨房做菜肴。

其中有一只鸟，在笼子里思忖着："要是我吃多了，一长肥就得去送死；要是不吃，也得活活饿死。我应该自己计算食量。少吃一些，既能少长肉，又能使羽毛长得光滑，然后从笼里逃出去。"

它按自己的想法，减少食量，结果身子又瘦又小，羽毛又光滑，终于实现愿望，逃了出去。

一个作家如果要等到生活安逸的时候再去写作，那么他永远也写不出来有感觉的作品，甚至连一部作品也写不出来；一个企业家如果要等到一切都具备以后才开始创业，那么他永远都不会有大的事业前景，因为他更依赖的是外部条件。我们要创造事业，就要学会在艰难困苦中获得力量，我们不仅要不害怕艰苦，而且要主动沿着最艰苦的道路走，因为在这条道路上，由于艰苦已经吓倒了很多与你竞争的人，你的事业就少了很多的竞争者。我们每一个人都希望做到伟大，都希望有所成就，但是我们真的做好了吃苦的准备吗？我们要扪心自问一下，我们是否是想过一种一劳永逸的生活。如果我们抱着这样的目的，显然我们的事业很难获得成功。

做事就要能吃苦，善于吃苦，不要追求过一种安逸的生活。那种生活是生命的毒药，它让生命慢慢地腐朽，最后事业也失去了应有的分量。

把所有错误都扔进垃圾篓

做事业的过程是不断舍弃自我的过程。我们要学会将不断舍弃，尤其是舍弃做事业过程中不断产生的错误。只有这样，我们才能提高做事业的速度。然而，我们很惊讶地发现，事实上，人们在做事业的过程中，真正不懂得舍弃正是错误，而不断舍弃的是成功。比如，人们形成了一种能力，很多人就此止步，然后用自己的全部精力去发育其他的能力。如果事业是一场征战，那么要获得事业的胜利，唯一的办法就是不断将优势的资源和兵力配备给最善于打仗的将军。很多人或许想着均衡发展，要各方面都有所成就。但是人的精力是有限的，人一生能做好一件事情就已经非常了不起了。我们要把那些影响我们发展的旁枝末节的事业全部砍掉，它们就是我们的错误。

据说爱因斯坦被带到普林斯顿高级研究所的办公室的那天，管理人员问他需要什么用具。

爱因斯坦回答说："我看，一张桌子或台子，一把椅子和一些纸张钢笔就行了。啊，对了，还要一个大废纸篓。"

"为什么要大的？"

"好让我把所有的错误都扔进去。"

做事业的过程中，我们要学会舍弃过程中产生的错误。对于我们来说，最大的错误莫过于做事业过程中产生的种种诱惑。诱惑会诱导我们偏离行动的方向，会让我们失去前行的目标，会削弱我们前进的速度。真正做成大事业的人，是能抵抗诱惑的。因为他们的目标简单，行动坚韧，所以他们最终创造了奇迹。而反观那些虽然拥有雄心壮志，但是最终一事无成的人，基本上都是最后前进的方向偏离了既定的目标。就像一棵树长出了各种各样的细枝末节，最后这棵树也就失去了继续长高的营养。

做事，就要学会不断地清空自己，把自己所遇到的种种诱惑都抵制在门外，坚定地朝着自己的目标不断前进。倘若能做到这样，事业没有不成功的。

没有永远的冠军，不要沉湎过往的荣耀

一个人无论多么强大，过去无论多么成功，都不代表做事业就一定能成功。过去即便战胜了最强大的竞争对手，未来也很难保证自己不败在弱小的对手手上。在创事业的过程中，我们不要拿过去的成就来麻痹自己，过去永远属于过去，也只属于过去。要想获得未来的成功，我们必须改变，必须不断地学习，不断地提高。很多人往往认为自己过去多么成功，未来理所当然会更加成功。事实上，在我们生活中，过去风光无限，现在失魂落魄的人比比皆是。尽管我们主观愿望期待明天比今天更美好，但是我们必须有清醒的头脑。

蚊子来到狮子身边说："我一点也不怕你，因为你并不比我强。不相信

的话，你说说你能做什么？用爪抓，还是用牙咬呢？那都是夫妻吵架时女人做的事。我可比你厉害多了，如果你愿意，我们不妨比比看。"

于是蚊子飞到狮子脸上，刺遍脸上没有长毛的地方。狮子不停地用爪子抓自己的脸，最后还是投降了。蚊子战胜狮子以后，唱着凯歌飞走了。可是一不小心，被蜘蛛网网住了，当蜘蛛要来吃它的时候，蚊子很感慨地说："我赢了草原之王，却没想到敌不过弱小的蜘蛛？"

事业征程中没有永远的冠军，人要想获得事业的成功，就应该永远戒骄戒躁，保持艰苦奋斗的传统。通过不断地艰苦奋斗，不断地学习提高，我们最后将事业一次又一次地推向高峰。沉湎于过去的人，永远都不会有未来；沉湎于过去成功的人，未来事业会一败涂地。我们想要得到的是未来的大成功、大成就，为此过去怎么样，对我们来说并没有任何意义。

我们不能自满于自己过去的成就。我们身边很多人，就是因为对过去成绩过于沉湎，结果放缓甚至停止了前进的脚步，到最后一事无成。其实每当我们自满的时候，失败就在不远处等着我们，而成功就离我们越来越远。

做事，就要学会把过去当成过去，不要过于在意过去的成功。要学会把目光放在未来，要看到未来成功需要具备哪些条件，然后不断地自我补充。而不要只看到自己过去形成了什么条件。只有这样，才能获得大成功。

你要盯紧你最重要的目标

我们每一个人对事业的追求过程中，都要学会盯紧自己最重要的事情。有些时候，我们已经离成功只有咫尺距离，但是由于我们分心，我们去寻找其他的东西，结果我们失去了本应属于我们的成功。很多人或许认为人应该尽量收获更多，因此事情在接近成功的时候我们应该尽量争取更多的其他收获。但是问题就在于，接近成功不代表成功，一件事情没有成功，无论它如何接近目标，都只能说明还没有成功。无限接近目标和没有接近目标，在某种意义上来讲，效果是一样的。

18世纪后半叶，欧洲探险家来到澳大利亚，发现了这块"新大陆"。1802年，英国派弗林达斯船长带船队驶向澳大利亚，想最快地占领这块宝地。与此同时，法国的拿破仑为了同样的目的也派阿梅兰船长驾驶三桅船前往澳大利亚。于是，英国和法国进行了一场时间上的比赛。

法国先进的三桅快船很快捷足先登，占领了澳大利亚的维多利亚，并将该命名为"拿破仑领地"。随后他们以为大功告成，便放松了警惕。他们发现了当地特有的一种珍奇蝴蝶，为了捕捉这种蝴蝶，他们全体出动，一直纵深追入澳大利亚腹地。

这时候，英国人也来到了这里，当他们看到法国人的船只，以为法国人已占领了此地，非常沮丧。但仔细一看却没发现法国人，于是，船长立即命令手下人安营扎寨，并迅速给英国首相报去喜讯。

等到法国人兴高采烈地带着蝴蝶回来时，这块面积相当于英国大小的土地，已经牢牢地掌握在英国人的手中了，留给他们的只是无尽的悔恨。

我们做事业，一定要有目标。我们的目标，需要我们始终坚持。我们要用坚持和坚韧去实现我们的目标，而不是无限接近。我们要成为成功的人，首先在做事业上必须有要么成功，要么失败的态度，只有这样毅然决然，不要把接近成功当成成功，我们才能够获得更大的成就。

做事就要学会盯紧自己的目标，要完全实现自己的目标，不要给自己精神麻醉，不要自我欺骗和自我感觉良好。

选择太多，只会放缓脚步

绝大多数人都希望事业越做越大，于是他们拼命地做加法，事实上，我们看成功的企业家，他们的事业做到那么大，并不是因为他们善于做加法，而是因为他们善于做减法。因为做减法，他们将自己的精力和资源都放在一个点上，最后以阳光聚集的热度让这个点燃烧起来。很多人或许认为，做事业必须做加法，必须不断开拓新的领域。事实上，真正的事业往往是在固有领域的精专。如果精专都做不到，无论开拓多少领域，最终也将以失败告终。

据说上帝在创造蜈蚣时，并没有为它造脚，但是它仍可以爬得像蛇一样快。有一天，它看到羚羊、梅花鹿和其他有脚的动物都跑得比自己快，心里很不高兴，便嫉妒地说："哼！脚多，当然跑得快。"于是它向上帝祷告说："上帝啊，我希望拥有比其他动物更多的脚。"

上帝答应了蜈蚣的请求，他把好多好多的脚放在蜈蚣面前，任凭它自由取用。蜈蚣迫不及待地拿起这些脚，一只一只地往身体上粘，从头一直粘到尾，直到再也没有地方可粘了，它才依依不舍地停止。

它心满意足地看着满身是脚的躯体，心中窃喜："现在我可以像箭一样地飞出去了！"但是等它开始要跑时，才发觉自己完全无法控制这些脚。这些脚劈里啪啦地各走各的，它非得全神贯注，才能使一大堆脚顺利地往前走。这样一来它反而比以前走得更慢了。

做事业的过程中，我们不但不要有太多的选择，而且我们要善于减少自己的选择。选择太多，只会让一个人放慢脚步。我们的事业不是追求一种大而全，而是追求一种强大和意义。基于这一点，我们更应当专注于我们现有的领域。我们不要去盲目跟风，不要去追赶潮流。否则的话，最后不仅事业一事无成，而且自己也会迷失自己。

做事就要学会做减法，让自己的事业不断地聚焦，不断地持续前进。通过这样一种聚焦，我们获得一种前进的力量，一种穿透力。

情急之中，选择最能实现的

做事业的过程中，我们每一个人都可能遇到情急的情况，在这种情况下，我们要善于选择。我们不是选择那些对我们来说已经不能实现的东西，而是应该选择最能实现的。通过做这样的选择，我们将有所收获。很多人或许在任何时候都会选择对自己最重要的事情。正因为他们这样固执地选择，缺少变通，最后什么都没有实现。

一次，法国一家报纸进行了一次有奖智力竞赛，其中有这样一个题目：

如果法国最大的博物馆卢浮宫失火了，情况紧急，只允许抢救出一幅画，你会抢哪一幅？

结果在该报收到的成千上万回答中，唯有贝尔纳的回答以最佳答案获得该题的奖金。他的回答是："我抢离出口最近的那幅画。"

当大家都在争论卢浮宫哪位画家的哪幅画最值钱，最能代表法国的艺术成就时，他们却忽视了另外一个问题，也是事实上最关键的问题——时间能允许我们去做更多的事吗？如果不能，我们就应该改变常规的想法和做法，去做最有把握的事情。一件在正常情况下可能不是最有价值的事情，但不论怎样，有好的结果才是最重要的。

做事业的过程中，我们要学会把握住容易实现的东西，不断实现它们。有些时候，我们需要的不是结果的实现，而是一种持续努力的动力。通过这种变通的方式，我们最终实现我们的目标。比如一个团队为了一个很遥远的目标在努力，因为目标遥遥无期，大家疲惫不堪，士气低沉，这个时候，有一个好消息是至关重要的。作为一个领导者，要学会给员工灌输好的消息，通过一些价值的实现，不断地鼓舞员工的士气，让员工做到坚持和坚韧，最后达到事业的成功。

做事，就要学会在情急之下，选择最能实现的。通过这种选择给事业注入长久的动力，最后达到最高目标的实现。我们不要过于"非梧桐不栖"，我们要学会在不断的小目标实现的基础上，推动大目标的实现。至关重要的是，通过目标的不断实现，我们始终保持着动力。将最后的事业变成跟滚雪球一样，最终形成巨大的体量和强大的动力。

第三章　细节见精神，往往决定成败

细节见精神，细节往往决定着事业的成败，我们必须拥有持续关注细节的热情、坚持和能力。

只要改一点，就能另辟蹊径

我们做事业，不仅要考虑目标的正确与坚定，而且要充分考虑机制的作用。通过设计一种有效的机制，往往使我们的事业事半功倍。很多人做事不懂得变通，因此他们经常陷入疑惑，为什么最后的结果和目标相差那么远，甚至完全相反。为此，我们在做事业的过程中一定要善于开动脑筋，设计出好的机制，来推动我们的事业走向成功。

从前澳大利亚只有土著人居住，后来英国把澳大利亚当作流放犯人的地方，这些犯人代代繁衍，久而久之，就形成了今天的澳大利亚国。而在运送犯人的途中，发生过这样一个故事：

承担运送犯人任务的都是些私人船主，他们接受政府的委托，自然也要收取相应的费用。一开始，英国政府按照上船时的犯人人数付给船主费用。于是，船主们为了牟取暴利，想尽种种办法虐待犯人，克扣犯人的食物，甚至把犯人活活扔下海，导致运输途中犯人的死亡率最高时达到94%。

后来英国政府想出了一个办法，他们改变了付款规则，按照活着到达目的地的人数付费。于是，船主们又想尽办法让更多的犯人活着到达澳大利亚，饿了给饭吃，渴了给水喝，大多数船主甚至还聘请了随船医生，犯人的死亡率最低时降到1%。

其实设立一种机制并不是很难的事情，只不过有些时候由于我们过于遵从过往的经验，而没有真正去思考问题，导致我们的事业得过且过，做得一般。我们做事业必然需要速度，如果和其他竞争对手速度一样，我们最终也只能沦为平均水平。而我们要想获得更快的速度，就要善于运用机制。通过机制的改变，来充分调动团队整体的积极性和创造性，通过创造性的活动，最终获得更快的速度。

做事，就不要墨守成规，拿着老办法，想获得新速度，那岂不是刻舟求剑、缘木求鱼吗？

琢磨细节，不要轻易下手

任何事业都是由很多小的细节组成，小的细节不仅是事业的组成部分，而且也是事业效率的来源。为此我们一定要树立"细节决定成败"的观念，要追求细节上的完善。如果遇到要变动的时候，一定要充分考虑各种细节，通过细节的通盘考虑，最终通过变动取得成功。很多人往往做事一刀切，为了达到目的，全然不考虑细节。事实上，这样不仅会制造巨大的阻力，而且还会让自己失去公信力。

单位里调来了一位新主管，据说是个能人，专门被派来整顿业务，大多数的同仁都很兴奋。可是，日子一天天过去，新主管却毫无作为，每天彬彬有礼进办公室后，便躲在里面难得出门。那些原本紧张得要死的坏分子，现在反而更猖獗了。他哪里是个能人，根本就是个老好人，比以前的主管更容易唬。

四个月过去了，新主管却发威了，坏分子一律开革，能者则获得提升。下手之快，断事之准，与四个月前表现保守的他，简直像换了一个人。年终聚餐时，新主管在酒后致辞："相信大家对我新上任后的表现和后来的大刀阔斧，一定感到不解。现在听我说个故事，各位就明白了。"

"我有位朋友，买了栋带着大院的房子，他一搬进去，就对院子全面整顿，杂草杂树一律清除，改种自己新买的花卉。某日，原先的房主回访，进门大吃一惊地问，那株名贵的牡丹哪里去了？我这位朋友才发现，他居然把牡丹当草给割了。后来他又买了一栋房子，虽然院子更加杂乱，他却按兵不动，果然冬天以为是杂树的植物，春天里开了繁花；春天以为是野草的，夏天却是锦簇；半年都没有动静的小树，秋天居然红了叶。直到暮秋，他才认清哪些是无用的植物而大力铲除，并使所有珍贵的草木得以保存。"

说到这儿，主管举起杯来，"让我敬在座的每一位！如果这个办公室是个花园，你们就是其间的珍木，珍木不可能一年到头开花结果，只有经过长期的观察才认得出啊。"

做事，就要有关注细节的精神。要从细节着手，不断通过细节的完善，最终实现事情的成功。我们不妨将一项事业的成功看成是一个个细节的有机组合。我们的细节其实就是一项项小的事业，我们没有理由不注重它们。

你关注细节，别人是能看到的

人们敬重能关注细节的人，人们也是从细节中来看一个人的品质和精神。当我们关注细节的时候，我们就容易得到别人的认可；而当我们漠视细节的时候，我们发现一切都困难重重。很多人或许认为人应该专注于做大事，不应该注重细节。事实上，任何一件大事都是由细节组成的，不注重细节，大事也就没有成功的可能。

恰科年轻的时候，到一家很有名的银行去求职。他找到董事长，请求能被雇用，然而没说几句话就被拒绝了。当他沮丧地走出董事长办公室宽敞的大门时，发现大门前的地面上有一个图钉。他弯腰把图钉拾了起来，以免图钉伤害别人。

第二天，恰科出乎意料之外地接到银行录用他的通知书。原来，就在他弯腰拾图钉的时候，被董事长看到了。董事长见微知著，认为如此精细小心、不因善小而不为的人，非常适合在银行工作，于是改变主意录用了他。

果然不出所料，恰科在银行里样样工作干得非常出色。后来恰科成为法国的"银行大王"。

阿基勃特的成长与恰科的成长有相似之处，也是因小事而引起大老板的关注。

阿基勃特年轻的时候，只是美国标准石油公司的一个小职员。他不在乎人微言轻，只要出差在外住旅馆，总是自己签名的下面，写上"每桶 4 美元的标准石油"的字样，在书信和收据上也从不例外。只要有他的签名，就一定写上那几个字。因此，他被同事们戏称为"每桶 4 美元"，久而久之，他的真名反而没有人叫了。

公司董事长洛克菲勒得知了这个情况后，很有感慨地说："竟有如此努力地宣扬公司声誉的职员，我一定要见见他。"

于是，董事长邀请阿基勃特共进晚餐。后来，公司董事长洛克菲勒卸任，阿基勃特便成了美国标准石油公司的第二任董事长。

做事，要关注细节，别人是看得见的。我们通过细节上的精益求精，最终也将赢得别人的尊重。做事就要学会在细节上下足功夫，通过细节上的功夫，最终取得整体的成功。

要了解一个人，就要深入他的内心

任何事情都有规律，任何人也都可以去了解。我们要想做事业，要想获得支持，就要善于去了解事情的规律，要善于去理解一个人。只有这样我们的事业才有方向，我们的主张才能深入人心。很多人或许太注重于事情本身的成功与否，而忽略了事情的规律和对人的激励。事实上，事业成不成功，固然有偶然的因素，但是如果能够充分掌握事情的规律，能够充分调动大家的积极性和创造性，事业的成功往往是水到渠成的。从这个意义上来讲，事业的成功不是刻意追求的。

有一则寓言：一把坚实的大锁挂在大门上，一根铁杆费了九牛二虎之力，还是无法将它撬开。

钥匙来了，他瘦小的身子钻进锁孔，只轻轻一转，大锁就"啪"的一声打开了。

铁杆奇怪地问："为什么我费了那么大力气也打不开，而你却轻而易举地就把他打开了呢？"

钥匙说："因为我最了解他的心。"

我们的目标可以宏大，愿景也可以气势磅礴，但无论我们有多么伟大的目标和愿景，我们都是行走在路上，我们都离不开对环境的理解。很多企业家对没有实现目标很不理解，对员工不能理解他的意思感到很生气。事实上，很多时候，不是因为目标不能实现，也不是员工真正无法理解，而是企业家本人都没有办法理解清楚，他对人对事都缺少把握，都缺少对事情规律和本质的认识。倘若他能够用心在这方面做努力，他一定能够获得更大的成就。

做事业说难也难，说简单也简单。当你对人对事有了充分的理解之后，想不成功都很难。

做事就要学会花时间去了解人、去了解事。不要指望着别人能够了解自己。事实上，更多的时候我们需要主动去了解别人。而在主动了解别人之前，我们要对事情有真正的理解。

细节上做完善，会成就大事业

做事业需要有伟大的目标，这样我们的事业才有根本存在价值。但是伟大的目标容易让自己疲累，因为实现起来永远遥遥无期。生活中很多人曾经有过恢宏的愿望，但是最后一事无成。不是因为他们没有努力，而是他们不善于对目标进行分解，以至在目标面前，他们显得格外卑微，心里也特别疲累。我们做一番事业，一定要学会分解目标，要把目标分解到细节上，然后把一个个细节做到完善，这样最终我们一定能够成就一番大的事业。

一个小伙子初次到工厂做车工，师傅要求他每天"车"完三万个铆钉。一个星期后，他疲惫不堪地找到师傅，说干不了想回家。

师傅问他："一秒钟车完一个可以吗？"小伙子点点头，这是不难做到的。

师傅给他一块表，说："那好，从现在开始。你就一秒钟车一个，别的都不用管，看看你能车多少吧。"小伙子照师傅说的慢慢干了起来的，一天下来，他不仅圆满完成了任务，而且居然没有累着。

师傅笑着对他说："知道为什么吗？那是你一开始就给自己心理蒙上了一层阴影，觉得'三万'是多么大的数字。如果这样分开去做，不就是七八个小时吗？"

小伙子恍然大悟。

在大的事业面前，我们每一个人都很卑微，都容易累。为此，我们必须把大的事业不断分解到我们每一个人的具体工作中。千里之行始于足下，我们通过细节的不断完善，最后来实现整体的目标。

做事，就要学会把事情不断分解和细化，然后把细节做完善，千万不要拿出一个很大的目标一下子把自己压垮。就像骆驼运行李一样，如果将骆驼一生要运送的行李一次性给它运送，它一定给压死。只有将这些行李不断分解，一天又一天，一次又一次，骆驼才能够创造奇迹。我们做事业何尝不是这样？

不要让细节成为致命的伤

有些人可能认为细节无关紧要，关键是整体。但是事实上细节往往是致命的。成功的企业家，他们很多时候都是由于一个细节受到了启发或者是得到贵人相助，最后取得了成功。我们做事业必须关注细节，否则的话，细节有可能成为我们的致命伤。很多人往往认为关注细节会耽搁时间，但事实上，很少的情况下是因为关注细节而耽搁时间，更多的时候恰恰是因为不关注细节而耽搁了时间。

商人赚了一大笔钱，正骑着马行驶在归家的途中。离家不远了，这时仆人发现马的后掌蹄铁上掉了颗钉子。

"管它呢，反正只有六个小时的路程了。"商人一边说，一边赶着马向前跑。

中途休息的时候，仆人又一次报告商人："马右后腿的蹄铁已经掉了，是不是给它重新安一个呢？"

"算了吧。"商人回答说，"我现在正赶时间呢。反正只剩三个小时的路程了，马应该能挺过去的。"

走了没多久，马开始一拐一拐的。拐了没多久，马的脚浸出了血水，它终于一跤跌了下去，折断了腿骨。

商人只好下马和仆人背上背包步行回家。等他气喘吁吁地回到家里时，已经深夜了。

我们要想获得成功，就要学会关注细节，在细节上不断地努力。通过细节的有效完成，最后实现整体的有效完成。我们不能过于粗枝大叶，这样的话，我们也不能获得成功。事业的基础就像人的生命一样，其本质是很脆弱的。即使是最成功的企业家，他的生命同样脆弱。我们永远不要忽视做事业的前提，就是生命的健康和持续。生活中，有很多企业家为了追求更大的事业，而忽视了这一点，最后由于自己生命和健康的问题，不仅没有让自己的事业做得更大，相反，自己的事业一夜之间轰然倒塌。这种不是正确做事业的态度，也不会引导我们的成功。我们要关注各种细节，哪怕是一件树立诚信的事情。

做事就要学会在细节上下足功夫，让细节带动我们的成功。

越有优势，越不能忽略细节

人越是有优势，就越容易粗心。就像人越是觉得自己有什么了不得，越是说话硬气一样。我们说过，做事业如果没有完全实现成功，无论离成功有多近，从本质上来说都是一样的。我们来看即使有优势的人，他们做事业若是没有成功，也理所当然不应该忽略细节。很多人正是把优势当成成功，在没有成功的时候就过于骄傲，最后才遭遇惨败的。

三个旅行者同时住进了一个旅店。早上出门的时候，一个旅行者带了一把伞，另一个旅行者拿了一根拐杖，第三个旅行者什么也没有拿。

晚上归来的时候，拿伞的旅行者淋得浑身是水，拿拐杖的旅行者跌得满身是伤，而第三个旅行者却安然无恙。

拿伞的旅行者说："当大雨来到的时候，我因为有了伞，就大胆地在雨中走，却不知怎么淋湿了；当我走在泥泞坎坷的路上时，我因为没有拐杖，所以走得非常仔细，专拣平稳的地方走，所以就没摔伤。"

拿拐杖的说："当大雨来临的时候，我因为没有带雨伞，便拣能躲雨的地方走，所以没有淋湿；当我走在泥泞坎坷的路上时，我便用拐杖拄着走，却不知为什么常常跌跤。"

第三个旅行者听后笑笑，说："这就是为什么你们拿伞的淋湿了，拿拐杖的跌伤了，而我却安然无恙的原因。当大雨来时我躲着走，当路不好时我细心地走，所以我没有淋湿也没有跌伤，你的失误就在于你们有凭借的优势，认为有了优势便少了忧患。"

我们潜心于自己的事业，当我们有优势的时候，固然可喜，这样事业成功会更加容易。但是我们不能骄傲，毕竟我们的事业没有成功。我们只有利用优势乘势而上，才能获得成就。当然在具体与人合作的过程中，有优势也不要过于炫耀，要学会低调和踏实。

做事，就要学会将优势转变成为前进的动力，而不是前进的阻力。我们要实现事业的成功，一定要有背水一战的精神和气魄。

粗枝大叶，会让自己陷入绝境

做事业，固然要胆大，要有冒险精神。但是与此同时，又必须做到心细。只有心细才能保证事业朝着正确的方向前进。事实上，在事业追求的过程中，由于心不细造成的错误往往是致命的。很多人或许认为，心细和胆大从根本上就是矛盾的。事实上，二者并不矛盾，胆大是勇气，心细是智慧。有智慧没勇气那叫小精明，有勇气没智慧那叫有勇无谋。

南美洲海洋中有一种很小的鳄鱼，它的外皮很疏松，浑身长满了尖锐的棘刺。

它对付比自己大几倍的鱼有一套办法。当大鲨鱼把它吞进肚子里以后，它就缩成一个刺球，用身上的刺一边到处乱刺乱撞，一边啃吃鲨鱼肉，鲨鱼虽很疼痛，却毫无办法，只能听之任之，最后一命呜呼。

比起鲨鱼，鳄鱼是渺小的。生活中我们最大的敌人就是自己不屑一顾的小缺点。

我们在做事业的过程中，一定要克服自己身上的小缺点。比如说拖延，有的人一辈子拖延，看似一个微不足道的缺点，但因为拖延，他一天到晚，一年到头都疲于奔命，到人生的最后才发现自己一辈子一事无成。再比如暴躁，有的人像张飞一样暴躁，或许有人会认为这是真性情，但是，我们看看张飞的结局，最后因为暴躁而得罪了小人而被杀。这些都是我们致命的缺点，怎么能不细心？

在做事业的过程中，人与人交往的基础就是信任，因此无论是大的决定还是小的细节，都要透露出对别人的信任。千万不要让别人看到自己的不信任，这样细节最容易成为事业的致命伤。人和人之间只要感情上产生了裂痕，哪怕日后有一千个弥补、一万个弥补，最后都是于事无补。为此，我们一定要付出最基本的信任，去相信和我们同行的人。在任何细节上，不要用疑心来对待别人，不要用话来测试别人。

除了信任之外还有许多的细节值得我们时刻关注。

做事就要学会充分细心，不要让小缺陷成为自己的致命伤，在对人对事上一定要学会充分细致。你的细致，别人是感觉得到的。

细节有可能出卖你

任何事业都有不应该被人所知的秘密，这些秘密很多时候都是企业的商业秘密。如果我们认为，事业应该完全敞亮光明，这就错了。任何事业都必须有一定的门槛，这个门槛能够限制一批无所顾忌的竞争对手进入。为此，我们一定要善于保管好这个门槛，也就是商业秘密。很多人或许从未体会商业秘密的重要性，那是他还没有经历过惨痛的教训。我们要注重商业秘密，首先就要注重细节。很多时候，商业秘密的泄露，完全是一个为人所漠视的细节。

第一次世界大战期间，法国和德国交战时，法军的一个司令部在前线构筑了一座极其隐蔽的地下指挥部。指挥部的人员深居简出，十分诡秘。不幸的是，他们只注意了人员的隐蔽，而忽略了长官养的一只小猫。德军的侦察人员在观察战场时发现：每天早上八九点钟左右，都有一只小猫在法军阵地后方的一座土包上晒太阳。德军依此判断：

A 这只猫不是野猫，野猫白天不出来，更不会在炮火隆隆的阵地上出没；

B 猫的栖身处就在土包附近，很可能是一个地下指挥部，因为周围没有人家；

C 根据仔细观察，这只猫是相当名贵的波斯品种，在打仗时还有兴趣玩这种猫的绝不会是普通的下级军官。

据此，他们判定那个掩蔽部一定是法军的高级指挥所。随后，德军集中六个炮兵营的火力，对那里实施猛烈袭击。事后查明，他们的判断完全正确，这个法军地下指挥所的人员全部阵亡。

我们的细节很可能出卖自己，比如我们的衣领不怎么干净，很可能就暴露了我们是生活上不太讲究的人。遇到这种情况，我们怎么能让客户相信，我们是做事认真严谨、有条不紊的人呢？

为此，我们要格外注重细节，从自己的衣着仪表，从自己的言谈举止，都要关注细节。让细节成为我们的精神所在，让细节造就我们的精神。

做事，就要学会关注细节。不要让细节暴露了我们的种种缺点，最后毁掉了我们的事业。在与客户交往的过程中，要通过细节来让客户增强我们的信心。事实上，客户最关注的就是细节。

不用靠大而空证明自己

我们的事业要想获得成功，必须得到与我们同行的人的基本信任，包括我们的同事和客户。而要得到基本信任，我们就不要指望着依靠大而空的证明。这些证明久而久之只是个笑话，而且会破坏人与人之间诚信的基础。然而，很多人生怕自己得不到别人的信任，为此在这些证明上花费大量的时间和精力。其实，一份事业的好与坏，本身就是证明，完全不需要那么多的大而空的证据。

伦敦的一条大街上，同时住着三个不错的裁缝。可是，因为离得太近，所以生意上的竞争非常激烈。为了能够压倒别人，吸引更多的顾客。裁缝们纷纷在门口的招牌上做文章。

一天，一个裁缝在门前的招牌上写道："伦敦城里最好的裁缝。"结果吸引了许多顾客光临。

看到这种情况以后，另一个裁缝也不甘示弱。第二天，他在门口就挂出了"全英国最好的裁缝"的招牌。结果同样招揽了不少顾客。

第三个裁缝非常苦恼，前两个裁缝挂出的招牌吸引走了大部分的顾客。如果不能想出一个更好的办法，很可能就要成为"生意最差的裁缝了"。但是，什么词可以超过"全伦敦和全国"呢？如果挂出"全世界最好的裁缝"的招牌，无疑会让别人感觉到虚假，也会遭到同行的讥讽。到底应该怎么办？正当他愁眉不展的时候，儿子放学回来了。当他知道父亲发愁的原因以后，告诉父亲也许可以在他们的招牌上写上这样几个字。

第三天，另两个裁缝站在街道上等着看他们的另一个同行的笑话。但事情似乎超出了他们的意料。因为，很快，第三个裁缝的门前挂出了一个更加吸引人的招牌，上面写道"本街道最好的裁缝"。

结果可想而知，第三个裁缝的生意最兴隆。

做事业固然要给别人信心，但是这种信心一定是最基础、最基本的，也是人们看得见、摸得着的。只有这样，别人才会有感觉。我们不需要通过大而空的东西来证明自己，我们要通过自己的努力来赢得别人的认可。

做事，就要学会务实和质朴，通过一种务实和质朴的态度，最终赢得别人的尊重和信任，从而推动事业走向成功。

伟大的事业处处体现细节

越是伟大的事业，越是处处体现细节。航天飞机的一个很微小的故障，都将造成巨大的生命和财产损失，进而打击一个国家的整体信心和信誉。我们要成就伟大的事业，不是光讲口号，更不是把自己放到崇高和伟大的地位上。很多人或许认为，只有凭一个响亮的口号，然后把自己放到崇高和伟大的地位上，我们才能吸引同行的人。但是，如果没有细节，一切都显得那么滑稽和可笑。

1988年1月18日至21日，75位诺贝尔奖金获得者在巴黎聚会，以"21世纪的希望和威胁"为主题，就人类面临的重大问题进行研讨。

在会议期间，有人问一位诺贝尔奖获得者："您在哪所大学、哪个实验室学到了您认为最主要的东西呢？"

这位白发苍苍的获奖者回答："是在幼儿园。"

提问者愣住了，又问："您在幼儿园学到些什么呢？"

科学家耐心地回答："把自己的东西分一半给小伙伴们；不是自己的东西不要拿；东西要放整齐；吃饭前要洗手；做错了事情要表示歉意；午饭后要休息；要仔细观察周围的大自然。从根本上说，我学到的全部东西就是这些。"

一些微小的细节会助推我们的成功，当然另一些微小的细节也会造成我们的失败。细节对于事业的成功和失败是有致命作用的。为此，我们千万不能忽视。

在做事业的过程中，我们要养成很多很细节的习惯。比如说与人分享，只有当你尝试着在细节上与人分享，人们才会相信未来你会在事业上与人分享。如果在平时的小事上都做不到与人分享，那么谁敢相信，未来你要将事业与人分享呢？

做事，就要在细节上多思考，多用心，要让细节成为自己最好的证明，也让它成为自己成功的根本保障。

十分微小的开始，会形成震惊的结果

无论是成功的事业还是失败的事业，往往都有一个十分微小的开始。从一个微小的开始出发，通过不断的发展，一段较长时间后，事业获得了一个成果。千里之行始于足下，我们要想走得远，首先就要做好出发的准备。在做事业的过程中，我们见过很多勇士，即使是泰山巨石压顶，他们也不皱眉头；但是平常细节的工作不断地磨着他，让他渐渐失去了耐心，最后也失去了事业成功的机会。很多人或许一开始就想做一番丰功伟业，一开始事业就很宏大。然而，我们不难发现，越是这样的目标，其结果越是让人不敢恭维。

混沌理论认为在混沌系统中，初始条件的十分微小的变化经过不断放大，对其未来状态会造成极其巨大的差别。正如一个民谣所说：丢失一个钉子，坏了一只蹄铁；坏了一只蹄铁，折了一匹战马；折了一匹战马，伤了一位骑士；伤了一位骑士，输了一场战斗；输了一场战斗，亡了一个帝国。马蹄铁上一个钉子是否会丢失，本是初始条件的十分微小的变化，但这种长期效应却与一个帝国存与亡紧密相连。

一份事业首先要在一个细节的点上产生效率，如果这个点上不能产生效率的话，我们不能指望它会在一条线上产生效率，更别指望未来事业产生系统效率，成为事业发展的根基。为此我们要格外关注一个点，从点出发，由点到线，由线到面，最后获得事业的成功。

将事业推向巅峰的人，往往不是吹嘘要做多大事业的人，而是那些有目标、沉住气、踏实干的人，他们常常在一个细节上将工作做到了完善，然后从这个细节出发，将相关的工作做到完善。最后从一个具体工作人员，逐步上升到整体企业的管理者，通过这一级级的演进，事业也逐步获得了成功。而且与那些"大事业者"相比，这种事业从一开始就有十分深厚的根基。

做事，就要学会从一个微小的开始出发，持续不断地努力，最后积沙成塔，聚少成多，最终形成让人惊讶的成果。

细节上体现精神

在细节上我们要能够虚怀若谷，接受别人的意见和建议。人要成就事业，不仅需要很多人的帮助，更需要很多人能够指出细节的问题。然而，很多人或许认为别人指出细节上的问题，就是从根本上否定自己。显然，真正的成功者绝对不会这样看，比起大局来，他们更关注细节，他们要在细节上体现精神，为此对别人在细节上的规劝，他们闻过则喜。

在好莱坞有这样一位国际知名演员。一次，他在进影棚演出之前，一位朋友提醒他，纽扣上下扣反了。他低头看了看，连声向朋友道谢并赶紧扣好纽扣。可等他的朋友走开以后，他又把纽扣上下重新扣反。一个年轻人正好瞧见这一过程，便不解地问他是怎么回事。知名演员说他扮演的是个流浪汉，扣反纽扣正好表现出他不注重形象、对生活失去信心的一面。

年轻人更是困惑地问道："可你为什么不向朋友解释说这是演戏的需要呢？"

知名演员坦然地笑了，说："他提醒我是把我当作真正的朋友，是出于对我的关心。假如，我一定要解释个清楚，就极有可能让他认为我做任何事都是有准备的，有一定原因的。久而久之，谁还会指出我的缺点呢？在他们眼里，我的缺点也可以被认为有个性，而恰恰这正是我要完善的地方。"

做事业的过程中，要在细节上体现精神，要在细节上让别人感受到自己的精神。我们要在细节上保护别人的感受，要不断通过细节来让别人感觉温暖。生活中有很多人其实很想帮助我们，但是又唯恐我们认为他们看不起自己，因此畏首畏尾，最后也没有及时提醒我们。其结果是可想而知的。其实每一个人站的角度不一样，看的问题也不一样，我们固然需要对自己有信心，但是我们也绝对不能盲目相信自己。

做事就要在细节上照顾别人的感受，不要凭借自己的一己好恶，恣意发泄自己的情绪，最后造成不可收拾的结局。

生活是一场细节的考验

生活，很多时候都是一场细节的考验，当你关注细节的时候，好的机会就会向你走来；而当你漠视细节的时候，好的机会必然和你擦肩而过。很多人或许认为好的机会是自己凭借胆量争取的。固然，获得机会需要有胆量，但是如果认为好的机会仅仅是凭借胆量获得的，那无异于赌博。

有一师父，凡遇徒弟第一天进门，必要安排徒弟做一例行功课——扫地。过了些时辰，徒弟来报告："地扫好了。"师父问："扫干净了？"徒弟回答：

"扫干净了。"师父不放心，再问："真的扫干净了？"徒弟想想，肯定地回答："真的扫干净了。"这时，师父会沉下脸，说："好了，你可以回家了。"徒弟很奇怪地说："怎么刚来就让回家？不收我了？""是的，是真不收了。"师父摆摆手，徒弟只好走人，他不明白这师父怎么也不去全盘检查了解情况，就不要自己了。

原来，这位师父事先在屋子犄角旮旯儿处悄悄丢下了几枚铜板，看徒弟能不能在扫地时发现。大凡那些心浮气躁，或偷奸耍滑的后生，都只会做表面文章，才不会认认真真地去扫那些犄角旮旯儿处的。因此，也不会捡到铜板交给师父的。

师父正是这样"看清"了徒弟，或者说，看出了徒弟的"破绽"——如果他藏匿了铜板不交师父，那破绽就更大了。不过，师父说，他还没遇到过这样的徒弟。贪婪的人是不会认真地去做别人交付的事情的。

生活是一个考官，它时时刻刻在考验着我们。我们要获得成就，就必须接受考验。无论是我们在人群中，还是独处，我们都要经受得起考验，否则的话，我们将失去生活给予的一次又一次的机会。

做事就要学会接受生活细节的考验，在生活中不断获得机会，将事业持续推上顶峰。

细节中孕育大机会

细节中往往孕育着大机会，正是对细节的持续关注，一批成功的企业家才创造了经营的奇迹。很多人往往不注重细节，没有充分挖掘细节中的机会，最后也没有成就伟大。

1905 年的一天，美国伊利湖畔发生了一起严重车祸：两辆汽车头尾相撞，后面又撞上了一连串的汽车，转眼间，一片狼藉，碎玻璃、碎金属片满地皆是。

事故发生后，警察和记者迅速赶到现场，在赶往现场的人群中还有一个人，他就是后来闻名于世的汽车大王亨利福特。

福特为什么要赶往现场呢？原来他想从撞坏的汽车上找到一点秘密。

福特仔细检查了每一辆撞坏的汽车。突然，他被地上一块闪亮的碎片吸引住了，这是一块从法国轿车阀轴上掉下来的碎片。这块碎片的光亮和硬度让福特感到十分惊讶。

于是，福特把碎片捡起来，悄悄地放到口袋里，然后就回到了公司。

一到公司，福特就将这块碎片送到中心实验室，让他们分析一下碎片中究竟含有什么成分。

结果很快出来了，这块碎片中含有少量的金属钒。正是这种金属钒，让钢材的弹性优良，韧性很强，坚硬结实，具有很好的抗冲击和抗弯曲能力，而且不易磨损和断裂。

与此同时，情报部门也送来了另外一份报告，法国人只是偶然使用这种含钒的钢材，因为同类型的轿车并不都使用这种钢材。

听到汇报，福特当机立断，让人立刻试制钒钢，结果确实令人满意。接着，他又忙着寻找储量丰富的钒矿，解决冶炼钒钢的技术难题，他希望早日将钒钢用在自己公司制造的汽车上，迅速占领美国乃至世界市场。

最后福特终于获得了成功。福特公司通过钒钢来制作汽车发动机、阀门、弹簧、传动轴、齿轮等零部件，使得汽车质量得到了大幅提高。最后福特汽车公司成为了世界上最大的汽车生产厂商之一。福特曾高兴地说："假如没有钒钢，或许就没有汽车的今天。"

做事就要学会在细节中发现机会，要成就大事，必须有持续关注细节的习惯。

第四章　做事要多用脑，方法重在寻找

做事一定要多动脑，要寻找好的方法。方法只有更好，没有最好，当我们愿意开动脑筋去寻找的时候，我们就有可能寻找到新的出路。

方法肯定是有的，重在寻找

任何事情都有解决的办法，关键在于寻找。事业遇到困难，很多时候不在于困难本身有多大，而在于我们没有找到很好的办法。很多人往往不知道灵活和变通，不懂得去寻找更好的方法，凭借自己的一腔热情去不断地冲击困难。也许最后结果很有效，但是事情一定有更巧的方法。

美国黑人富豪约翰逊决定在芝加哥为公司总部兴建一座办公大楼，去了无数家银行，但始终没贷到一笔款。于是决定先上马后加鞭，设法将自己的200万美元凑集起来，聘请一位承包商，要他放手建造，自己想方法筹集所需要的其余500万美元。

持续建造施工所剩的钱仅够再花一个星期时间。约翰逊和大都会人寿保险公司的一个主管在纽约市一起吃晚饭，约翰逊拿出经常带在身边的一张蓝图准备摊在餐桌上时，保险公司主管对约翰逊说："这儿我们不便谈，明天到我的办公室来。"

第二天，当约翰逊断定大都会公司很有希望给他抵押贷款时，他说："好极了，唯一的问题是今天我就需要得到贷款的承诺。"

"你一定在开玩笑，我们从来没有在一天之内给过这样贷款的承诺。"保险公司主管回答。

约翰逊把椅子拉近说："你是这个部门的主管。也许你应该试试看你有无足够的权力把这件事一天之内办妥。"

对方微笑着说；"你是逼我上梁山，不过，还是让我试试看。"

他试过以后，本来他说办不到的事儿终于办到了，约翰逊也在钱花光之前几个小时回到了芝加哥。

一项事业，只要目标合理，肯定能办成，做事业的人一定要坚定这样的态度。只有在这样的态度下，我们才能够坚定自己前进的道路。如果我们自己都不相信目标一定能够实现，那么无论是多小的困难，都有可能让我们止步不前。

做事就要学会积极寻找新的办法，要坚信办法一定比困难多。不但要自己坚信这一点，而且要让与自己同行的人也坚信这一点，只有这样，我们才能够获得持续的成功。

变动之时，要用好方法避免过于波动

做事业难免会遇到变动，很少有人愿意变动，但这种变动又是不可避免的。为此，当遇到变动的时候，我们所能做的就是用好方法让这种变动带来的损失降到最低。很多人或许在变动的时候忽略这一层次，结果给事业造成了极大的损失。

美国国际管理顾问公司老板麦科马克对"炒鱿鱼"颇有研究。

有一次他发现一个员工打算跳槽，而且计划将所能带走的东西通通带走，包括客户档案以及任何他可能经手的机密情报。麦科马克知道他对公司有一种报复的心理，一旦被解雇，将会不惜一切手段来打击公司。于是麦科马克先后花了两个星期左右的时间设法保护公司，然后派他到底特律出差一天。当他离开时，公司就把所有的锁通通换新，把他的档案及记录拿走，等他出差回来，立刻请他走。

害人之心不可有，防人之心不可无。做事业的过程中，我们固然希望所有的同仁能够跟我们一起走到事业的终点，但这永远只是一个"乌托邦"，任何一家公司，即便是世界上最伟大最有吸引力的公司，只要成立的时间足够长，其离开的人员远远大于留下的人员。为此，我们一定要善于保护企业的机密，而最有可能的机密泄露渠道就是离开的人员。

任何事业都必须在机密上建立一整套的系统，以防控不测的事情发生。而要做到这一点，首先必须保证事业是光明正大的事业。不要有任何小辫子抓在别人的手上，一旦出现这种情况，我们的事业很可能陷入被动的局面。我们要通过自己的智慧和勇敢来防范和化解企业的危机。防范远远比化解更重要。

做事，就要学会严密保护事业的根基，事业出现任何变动，都不要让根基受到冲击或者发生动摇。在这一过程中，我们要充分使用自己的智慧和勇敢，而不是意气用事。

建立一个好的机制，比拥有睿智的领导更有效

任何事业一开始，通常是由一个雄才伟略的领导者来推动的。但是随着事业的发展，我们要学会通过建立一种机制来保障事业的持续成功，因为谁也没有办法保证雄才伟略的领导者是否能够永远保持睿智和公正。很多人或许更加倾向于依靠睿智的领导者，而不习惯于依靠一套机制的约束。事实上，机制永远不是约束，而是一种规范和激励。之所以成为约束，主要同行的人不认可机制罢了。

有七个人曾经住在一起，每天分一大桶粥。要命的是，粥每天都是不够的。

一开始，他们抓阄决定谁来分粥，每天轮一个。于是乎每周下来，他们只有一天是饱的，就是自己分粥的那一天。

后来他们开始推选出一个道德高尚的人出来分粥。强权就会产生腐败，大家开始挖空心思去讨好他，贿赂他，搞得整个小团体乌烟瘴气。

然后大家开始组成三人的分粥委员会及四人的评选委员会，互相攻击扯皮下来，粥吃到嘴里全是凉的。

最后想出来一个方法：轮流分粥，但分粥的人要等其他人都挑完后拿剩下的最后一碗。为了不让自己吃到最少的，每人都尽量分得平均，就算不平，也只能认了。大家快快乐乐，和和气气，日子越过越好。

我们要相信机制的力量，要通过机制的不断完善，去持续推动事业的成功。在每一份事业的追求中，我们都不可避免地倾向于个人的自由发挥，但如果缺少机制的有效规范和推动，个人的自由发挥将使得企业变成散兵游勇的聚合体，毫无整体协同而言。为此，我们要善于借助机制，通过机制的力量来规范我们每一个人的行为。机制和个人自由发挥并不矛盾，通过机制，个人能够在有利的平台上进一步发挥。久而久之，机制将推动事业走向高峰。

做事，就不要去追求绝对的自由，我们要善于建立一种好的机制，通过机制来保障自由，来规范自由。

有些时候新方法不用成本，也能起到好效果

在做事业的过程中，要善于使用新方法。通过新方法的使用，不仅促使工作更有效率，而且能够调动大家的热情。很多人或许认为采用新方法会增加成本。事实上，如果新方法采用得当，不仅不会增加成本，而且还会有效地降低成本。

一个人养了一群猴子，每天早上给每只猴子喂 3 个桃子，晚上给猴子喂 4 个桃子。猴子们意见很大，纷纷抗议，又是哭闹又是搞破坏。养猴人于是改变了策略，改为早上喂 4 个桃子，晚上喂 3 个桃子，结果猴子们皆大欢喜，再也不哭闹了。

这就是庄子给我们讲述的"朝三暮四"的寓言故事。庄子认为，养猴人是"识道"之人，也就是掌握了管理规律的人，他的方法是非常机智、可取的。

从财富分配的角度看，养猴人并没有增加桃子，只是改变了分配的方案，由"朝三暮四"改为"朝四暮三"，却取得了理想的管理效果。

新方法不是花钱折腾人，事业的实现过程中完全可以按照以技术创新的模式来不断降低我们的事业成本。我们可以严格审查我们事业中的环节，寻找其中的降本增效空间。正像当年泰勒做科学管理实验一样，通过对工艺的持续关注和对流程的分析，最终缩短了工艺，大幅提高了效率。在我们事业进行的过程中，难免会积累一些看起来确实需要，但实际上根本不做功的流程和程序，这样的流程和程序完全可以通过分析辨别出来。我们要有这样一种精神和动力，不断去优化流程，以保证整体效率的提升。

做事就要不断去采用新方法，通过新方法实现更好的效果。

做事情之前要考虑清楚

做事情之前，一定要考虑清楚。很多事情之所以半途而废，都是因为事先没有十分细致和周密的考虑。事情因为考虑周详，所以才有持续前进的动力。很多人一开始往往不去思考，等到事情进展的一半，甚至接近完成的时候，才发现事情本身缺少完成的条件，最后半途而废。这个过程实际上浪费了很大的时间和精力。

有一个商场招聘收银员，经过筛选有三位女士参加复试。

复试由老板主持，当第一位女士走进老板的办公室时，老板拿出一张一百元的钞票，要这位女士到楼下去给他买一包香烟。这位女士觉得自己还没有被正式录用，就被老板无端指使，将来的工作一定会有很多麻烦事，于是干脆地拒绝了老板的要求，气冲冲地离开了老板的办公室。

第二位女士走进办公室后，老板也拿出了一张一百元的钞票，要她去买一包香烟。这位女士很想给老板留下好印象，于是爽快地答应了。可是，当她到楼下买香烟时，却被告知这张一百元的钞票是假的，没办法，她只好用自己的一百元买了香烟，又把找来的零钱全部交给了老板，对假钞的事只字未提。

第三位女士也同样被要求去买香烟。当她接过老板递过来的一百元钞票时并没有转身就走，而是仔细地看了看钞票，马上就发现这张钞票不大对劲儿，于是很客气地要求老板另外再给她一张钞票。老板微笑着拿回了那张一百元钞票。第三位小姐被录用了。

决策十分谨慎，行动绝不后悔。我们做事情一定要进行周详的考虑。我们要充分考虑到事情的难度，要仔细规划出事情的关键环节，然后认真评估自己的能力。一项事业能否做成，无非就四个问题：可不可以做？能不能做？谁来做？怎么做？第一个问的是趋势，是否大势所趋；第二个问的是能力，是否有充分的实力；第三个问的是执行人员，是否有合适的人员？第四个问的是关键步骤和程序，是否有很详细的规划。通过这四个问题的回答，事业能否进行就显而易见了。

做事，就要学会三思而后行，一定要充分思考的趋势、能力、执行人员和关键步骤及程序，这些缺一不可。其实做每件事情何尝不是这四个方面的问题。

站在别人的角度思考说服方法

要想说服别人，一定要站在别人的角度考虑问题。从人的本性来讲，任何人第一关心的是和自己利益相关的事情。为此，我们要从别人的角度出发，帮助别人去思考他自己利益的事情。很多人做事情往往都是从自己的利益出发，都想着自己要实现什么，需要别人怎样配合。其实自己要实现什么，和别人有什么关系呢？

在半个世纪前的欧洲，电影是一种非常时髦的玩意儿，大大小小的电影院里，总是挤满了看电影的观众。而在其中的一间电影院里，却出现了一个小麻烦。因为总有一些年轻的女孩，在欣赏电影时还戴着大帽子，挡住后面观众的视线，引来了不少投诉。于是，有人建议老板发出一道禁令，禁止观众戴帽子。但由于戴帽子是当地女性的一种风俗，老板想了一会说道："这样做不太好，为了票房着想，只能用提倡的方法。"

于是，等到下一场电影开始的时候，在银幕上特意打出了这样一行通告："凡年老体弱的女士，允许戴帽观看电影，不必摘下。"

这样一来，所有的帽子，都立即被摘下。

一项伟大的事业，不仅要通过伟大的目标来鼓舞人、激励人，而且要通过和他们的切身利益相连，不断地获得他们的支持。一项事业，如果仅仅满足个人的私利，根本谈不上伟大。我们的事业一定要符合更多的人的需求，在具体的事业规划中，要充分考虑同行的人的利益，以此获得他们的支持。这样才能持续将事业推向成功。

有的人或许在想，创业艰难，开始肯定毫无利益可言，怎么能充分考虑别人的利益呢？这种观点实际上把利益等同于短期的经济利益。事实恰恰相反，不是那些短期的经济利益引导着人们前进。而正是那些长期的、有目标的利益，让人们获得了持续前进的动力。在这一利益的实现过程中，要充分体现相关人的个人价值。

做事就要学会站在别人的角度考虑问题，充分通过利益和个人价值实现来说服别人共同前进。

不要过于顽固，直到头撞南墙

做事业固然需要原则，但是不能过于死守原则。原则是做事的准绳，但原则不是万能的，总有它实现不了的地方。我们佩服那些坚守原则的人，但我们也觉得那些迂腐地坚持原则十分可笑。很多人往往问题就在于过于顽固，直到头撞南墙。其实原则是人定的，在非改变不可的情况下，是可以改变的。

一位隐士派他的三个徒弟去远方。他把他们送到路口，吩咐他们说："从这儿往南都是畅通的大道，沿着这条大路走，不要走岔路。"

三个徒弟把师傅的话铭记心中，然后辞别师傅，沿着大路向南走去。他们走了50多里发现有条河横在面前，沿河岸向东走半里就有桥。其中一位徒弟说："我们向东走半里路，从桥上过吧？"另外二位皱着眉头说："老师让我们一直往南走，我们怎能走岔路呢？不过是水罢了，有什么好怕的？"说完，三人互相扶着涉水而去，河水水深流急，他们有几次差点送命。

过了河，又往南走了100多里，有一堵墙挡住了去路。其中那一位又说："我们绕绕吧。"另外两个仍坚持："谨遵老师的教导，无往不胜。我们怎能违背老师的话呢？"于是迎墙前进。"砰"然声响，三人碰倒在墙下。三人爬起相互勉励："与其违背师命苟且偷生，不如遵从师命而死。"而后又相互搀扶，直向墙撞去，最后撞死在墙下。

人有原则，是值得别人尊重的，但是一个人过于尊崇原则，不仅不能得到别人的尊重，反而让别人疏远。原因就在于任何东西都是双刃剑，都必须有度。如果无度的话，任何美好的东西都会变得面目可憎。我们追求事业、追求成功，为此要学会变通，要学会灵活。这并不是让人放弃原则和信仰，而是通过一种变通的方式来获得最终的结果。

做事就要学会变通，灵活有效地坚守原则，而不是迂腐地不知变通地固执己见。

要善于利用别人的好奇心

做事的过程中，要充分利用别人的好奇心，毕竟人们都对新鲜的事物感到好奇。我们给自己设定目标，推进目标的实现，都要让目标和过程充满新鲜和乐趣，这样往往能调动人们的最大动力和热情。很多人或许总是直来直去，即便是再美好的未来发展，也叙述得平淡无味。事实上，真正能成大事的创业者，一定会将目标和理想充分渲染，充分调动大家的好奇心和积极性，最后推动目标的实现。

台湾一家动物园，于 1998 年曾经展出了一只"疑是熊猫"的小动物。他们一边大做广告，一边请动物专家各抒己见。于是，许多人都争先恐后前去参观，园主大赚一笔。

一家泰国酒吧的主人在门口放了一口缸，里面放上酒。蒙上一块布，缸外写着几个字"不许偷看"。过往行人都十分好奇，纷纷打开布看。只见里面是扑鼻的陈酒，酒水下面还有一行字"本店美酒与众不同，请享用"。顾客们先是会心一笑，然后就循着酒香走进酒吧了。

我们要善于用一种变通的方法来做事情，用一种充满乐趣的方式来寻求别人的帮助。一项事业的具体工作很多时候都是索然无味的，这种索然无味的工作往往很难进行下去，即便能够进行下去，也往往不能保质保量。为此，在具体的事业中，我们要学会将它乐趣化，让所有的人乐于参与。

现实管理中的种种理论，很多看来都是冷冰冰的。但这并不是管理学家的本意，也不是企业家应该时刻恪守的规则。理论的东西是人们的一种思维方式，和现实生活完全是两个范畴。为此我们的创业者一定要将理论用活用好，在现实生活中用一种温暖和热情，将理论给潜移默化地贯彻下去。

做事就要学会充分利用别人的好奇心，为此，我们必须保证事业的新鲜感，不要让事业索然无味。

站在别人的利益考虑

要说服和打动别人，往往要充分站在别人的角度上去考虑问题，要充分地考虑别人的利益。我们不要告诉别人"我们需要什么，我们要他们怎么做"。我们要告诉别人"他们可以得到什么，但是需要怎么做"。这样事情的阻力会比较小，而成功的可能性也随之增大。很多人或许很少站在别人的利益上考虑，因为他们不在乎别人的感受。

法国著名女高音歌唱家迪梅普莱有一个美丽的私人林园。每到周末，总会有人到她的林园摘花，拾蘑菇，有的甚至搭起帐篷，在草地上野营野餐，弄得林园一片狼藉，肮脏不堪。

管家曾让人在林园四周围上篱笆，并竖起"私人林园禁止入内"的木牌，但均无济于事，林园依然不断遭践踏、破坏。于是，管家只得向主人请示。

迪梅普莱听了管家的汇报后，让管家做一些大牌子立在各个路口，上面醒目地写明：

"如果在林中被毒蛇咬伤，最近的医院距此 15 公里，驾车约半小时即可到达。"

从此，再也没有人闯入她的林园。

做事业的过程，也是做人的过程。我们要把人做好、做到位，事业或许也就成功了。然而，最好的做人办法就是处处为别人着想，充分考虑别人的利益。通过别人利益的实现，从而推动整个事业的实现。这并不是告诉人们怎样欺诈，而是通过一种智慧的方式，最终实现双方的目标。我们不要学着直筒子，直来直去。自己想得到什么，而让别人做什么来满足自己。其实反思一下，别人凭什么一定要满足自己的需要。为此，我们要实现双赢，要学会在推动别人实现利益的同时，也实现自己的利益。

做事就要学会站在别人的角度考虑问题，充分考虑别人的利益。

有些方法需要考察，而不能仅看表面

表面现象永远都不是事情本身。为此当我们接触到一些新的方法的时候，我们需要反复考察，要明白其中的作用机制，而不应该仅仅停留在表面上。很多人一看到用的比较好的方法，就囫囵吞枣地照搬照用，最后不但没有达成好的效果，反而弄成"四不像"。我们做事情一定要明白事情中间的作用机制，通过作用机制的明晰，去判断方法是否合适。

有一个博士分到一家研究所，成为学历最高的一个人。

有一天他到单位后面的小池塘去钓鱼，正好正副所长在他的一左一右，也在钓鱼。他只是微微点了点头，与这两个本科生，有啥好聊的呢？

不一会儿，正所长放下钓竿，伸伸懒腰，噌噌噌从水面上如飞地走到对面上厕所。博士眼睛睁得都快掉下来了。水上漂？不会吧？这可是一个池塘啊。

正所长上完厕所回来的时候，同样也是噌噌噌地从水上漂回来了。怎么回事？博士又不好去问，自己是博士生哪！

过一阵，副所长也站起来，走几步，噌噌噌地飘过水面上厕所。这下子博士更是差点昏倒："不会吧，到了一个江湖高手集中的地方？"

博士生也内急了。这个池塘两边有围墙，要到对面厕所非得绕十分钟的路，而回单位上又太远，怎么办？博士生也不愿意去问两位所长，憋了半天后，也起身往水里跨："我就不信本科生能过的水面，我博士生不能过。"只听"咚"的一声，博士生栽到了水里。

两位所长将他拉了出来，问他为什么要下水，他问："为什么你们可以走过去呢？"两所长相视一笑："这池塘里有两排木桩子，由于这两天下雨涨水正好在水面下。我们都知道这木桩的位置，所以可以踩着桩子过去。你怎么不问一声呢？"

做事，就要学会透过现象看本质，通过本质的发掘，最终获得一种智慧的力量。

不要堕入思维定势

很多时候，有效的、好的方法非常简单，这就要求我们不要堕入思维定势中去。思维定势只会将问题越变越复杂。很多人往往就是因为有了自己的一套思维定势，所以从他们那里得到的都是固执己见，但于事无补。只有放开思路，敞开去想，才能够获得较大的发展。

有一家牙膏厂，产品优良，包装精美，招人喜爱，营业额连续 10 年递增，每年的增长率在 10% 到 20%。可到了第 11 年，企业业绩停滞下来，以后两年也如此。公司经理召开高级会议，商讨对策。

会议中，公司总裁许诺说："谁能想出解决问题的办法，让公司的业绩增长，重奖 10 万元。"有位年轻经理站起来，递给总裁一张纸条，总裁看完后，马上签了一张 10 万元的支票给了这位经理。

那张纸条上写的是："将现在牙膏开口扩大 1 毫米。消费者每天早晨挤出同样长度的牙膏，开口扩大了 1 毫米，每个消费者就多用 1 毫米的牙膏，每天的消费量将多出多少呢！"公司立即更改包装。第 14 年，公司的营业额增长了 32%。

做事情一定得敞开思路，任何事情都是相互联系的。要达到一个结果，并不一定要沿着一条路线走下去。毕竟条条大路通罗马，而我们要找最近的那一条，就必须抛开我们的思维定势。有些时候，有的人把思维定势当成了问题本身，甚至在潜意识里认为实现结果并不重要，关键在于过程的思维。这显然是本末倒置的做法。一件事情结果永远是第一位的，过程也重要，但过程是为结果服务的，对过程进行控制永远是第二位的。

做事，就应该学会抛弃思维定势，通过更为开阔的思维来获得更为长远的发展前景。

好方法有时很简单

遇到问题，我们都想找到最好的办法，但是最好的办法并不意味着得来最难。事实上，很多好的办法都很简单，可能就是一个很小的动作就可以让事情逆转。当遇到很糟糕的情况的时候，我们最好的办法无外乎从最简单的方法想起。很多人往往不会用简单的办法，他们追求复杂，错误地把复杂理解成为科学和先进。显然，这是有悖于事实的。

1933 年 3 月，罗斯福宣誓就任美国第 32 任总统。当时，美国正发生持续时间最长、涉及范围最广的经济大萧条。就在罗斯福就任总统的当天，全国只有很少的几家大银行能正常营业，大量的现金支票都无法兑现。银行家、商人、市民都处于恐慌状态，稍有一点风吹草动将会导致全国性的动荡和骚乱。

在坐上总统宝座的第 3 天，罗斯福发布了一条惊人决定——全国银行一律休假 3 天。这意味着全国银行将中止支付 3 天。这样一来，高度紧张和疲惫的银行系统就有了较为充裕的时间进行各种调整和准备。

这个看似平淡无奇的举动，却产生了奇迹般的作用。

全国银行休假 3 天后的一周之内，占全美国银行总数四分之三的 13500 多家银行恢复了正常营业，交易所又重新响起了锣声，纽约股票价格上涨 15%。罗斯福的这一决断，不仅避免了银行系统的整体瘫痪，而且带动了经济的整体复苏，堪称"四两挑千斤"的经典之作。

罗斯福用这样一种简单方法就能力挽狂澜，而且产生了立竿见影的效果，就是因为他一下抓住了银行——整个"国家经济的血脉"所存在的问题，抓住了整个经济中最重要的问题，并选择了一个最简单易行的方法去解决了。

做事就要学会用最简单有效的办法，不要尝试用过于复杂的办法去解麻团。很多时候，快刀是对麻团的最好解决。也正如亚历山大一刀砍掉绳结一样，通过最简单的办法，他成了世界上最有力量的人。

法无定法，守正出奇

任何事情都没有固定的解决办法，真正的好办法往往是神来之笔，法无定法，守正出奇。为此做事的过程中，我们不要固守旧的观念，要懂得创新和变通。很多人或许固守一端，在他们看来，任何事情都有固定的解决办法。其结果是他们的解决办法一般，有时候甚至让事情变得更加糟糕。

有一个出版商有一批滞销书久久不能脱手，他忽然想出了非常妙的主意：给总统送去一本书，并三番五次去征求意见。日理万机的总统不愿与他多纠缠，于是说："这本书不错。"出版商便大做广告说：现在有总统喜爱的书出售。很快书就卖完了。不久，这个出版商又有书卖不出去，于是又送了一本给总统。总统想奚落他，便说："这本书糟透了。"出版商听说后，又做广告说："现有总统讨厌的书出售。"结果书又卖完了。第三次出版商将书送给总统，总统再也不作任何答复。出版商再次做广告说："现有令总统难以下结论的书。"结果又被一抢而空。

事情之所以没有固定的解决办法，是因为创造事情的人是主观的，甚至是变通的。为此，我们不能基于固有的观念去做事情。否则的话就显得刻舟求剑了。

遇到问题的时候，固然要想到一些比较常规的办法来解决，这叫"正兵"。但是"正兵"往往不足以解决问题，我们还需要借用一些比较独特的办法，这叫"奇兵"。"以正合，以奇胜"，解决问题也应当秉持这样的谋略。

无论是做事，还是说话，都要考虑一下有没有更好的办法。我们往往遵从于自己的习惯，习惯性地做事，习惯性地回答。结果我们的习惯成为了我们的思维定势，最后也毁了我们的事业。过去十年成功的经验，未来十年可能成为我们的致命伤，我们要有这种观念。

做事就要学会充分考虑好的办法，不要过于常规和循规蹈矩。一些独特的办法往往能够起到意想不到的效果。

从生活的常识出发寻找方法

生活的常识是好办法的源泉，从生活的常识出发，往往会有意想不到的收获。很多人往往凭借着自己的经验，这种经验往往是形成的金科玉律式的教条，认为通过这些便可以解决问题。事实上，最高明的解决办法是从生活的常识出发，一切办法来自生活，一切办法又回到生活。

一位十分著名的建筑师建造了一组现代化的办公大楼。这是三幢建设在一大片空地上遥遥相望的大楼，十分漂亮，建筑师超人的艺术素养得到了淋漓尽致的体现。早在大楼轮廓初现的时候，人们已经啧啧赞叹了。

等到大楼快要竣工的时候，工人们问道如何铺设三栋大楼之间的人行道。

建筑师的回答让所有的人大吃一惊："在大楼之间的空地上全种上草。"虽然大家很纳闷，但是出于信任，没有人提出任何异议。一个星期之后，这片空地全部种上了草。

一个夏天过后，在三栋大楼之间和通往外面的草地上，已经被来来往往的行人踩出了若干条小路。有的小路因为走的人多一些，于是比较宽，有的小路因为走的人比较少，于是比较窄。他们蜿蜒伸展，错落有致。

到了秋天，建筑师带领着工人们来了，他让工人沿着人们踩出的路痕铺就了大楼之间和通向外面的人行道，然后在道路两旁种上了树木和花草。

最后，每一个行走在这些道路上的人都赞叹不已，建筑师真的创造了奇迹。

建筑师真的创造了奇迹吗？显然是真的。那么这种奇迹从哪里来？自然是从生活的常识中来。在设计小路的时候，建筑师为了充分考虑到人们通行的习惯方便，他实际上用草地做了一个调研，最后调研的结果就是未来设计的方案。

做事，就要学会广泛汲取别人的意见和建议，最后集合成为整体的意见和建议，这样的结果是最能让人信服的。

不要拘泥于陈旧

对于过于陈旧的东西，我们一定要及时抛弃，包括我们的观念和做事方式等等。还有那些迂腐的经验，我们一定要果断抛弃。很多人往往抱着过去的观念、做事方式和经验不放，殊不知陈旧的东西已经不适用了。

有一位年近古稀的老医生，曾经远近闻名，但自从他出了名之后，诊病下药一直用些老法子，于是渐渐步入没落之途了。他明明应该把门面重新漆一漆，明明应该去买些新发明的医疗器械及最近出现的著名药品，但他舍不得花钱。他从不肯稍微划出些时间来看些新出版的刊物，更不肯稍费些心机去研究实验一些最新的临床疗法。他所施用的诊疗法，都是些显效迟缓，陈腐不堪的老套，他所开出来的药方，都是不易见效的、人家用得不愿再用了的老药品。

他没留意到，在他诊疗所附近早已来了一位青年医生，有最新最完善的设备，所用的器械无不是最新的品种；开出来的药方，都写着最新发明的药品；所读的都是些最新出版的医学书报。同时他的诊所的陈设也是新颖完美，病人走进去看了都很满意。于是老医生的生意，渐渐都跑到这位青年医生那里去了。

做事一定要开阔思路和见识，要敢于尝试，敢于冒险。有的人生怕冒险会出危险，实际情况却是，越是不想冒险的人，遭遇的风险越多。因为做事业就像逆水行舟一样，你去冒险才有往上的可能，你不冒险，什么机会都没有。

为此，我们做事业要有一个开放的心态，不要过于担心风险，正是因为结局的不可测，所以我们才有更大的动力，未来才显得格外精彩。

没有人能够预测到未来会发生什么，但是我们要想拥有未来，就必须在每天不断地改变自己，只有通过不断地自我改变，我们才有可能获得更加辉煌的未来。尽管如此，我们还是不知道未来会发生什么，但是我们已经比过去更加适应未来。

做事，就要学会改变，要不断改变自己，不断地让自己富有创造性。

第五章　良好的人际关系就是事业的进步

　　人际关系，对于事业而言很重要，我们一定要注意培养自己的人际关系。人际关系的积累就是事业的进步。

做生意从做人际关系开始

你要想做事业，必须有人际关系。最高明的做事业的方式就是从人际关系做起。人和人之间是有感情的，很多时候这种感情是超越利益的。如果能够和客户建立一种超越利益的感情，事业何愁做不成。很多人总是坚持着做事，而忽略了和客户建立一种融洽的关系，最后发现和客户的关系始终停留在生意层面，不牢靠也不长久。高明的企业家绝对不会这样做事。

日本绳索大王岛村方雄在起步之初，深感厂商与客户群体的培养对商家的重要性。于是，他决定要不惜一切代价，建立起自己的客户群。经过69次的艰苦努力，他从银行贷款100万元。然后在麻绳原产地大量采购麻绳，再以原价售出。

一年之后，"岛村的绳索确实便宜"的名声四方传颂，订单源源不断地涌来。于是，岛村就开始亮开底牌了。他拿着发票收据对绳索生产厂商说："我这么长时间也没赚你的一分钱。"厂商很受感动，就把每条绳索的价格降低了5分钱。当那些使用绳索的客户看了收据后，也都感到很吃惊，因为天底下根本没有这么做买卖的。

一年之内白白为大家服务，分文未取。真是不可思议。于是，他的客户们心甘情愿地把进货价提高了5分钱。这么一来，他一条绳索就赚了一角钱。而他当时一天就有1000万条绳索的订货，其利润就有100万日元。几年之后，他就成了日本绳索大王。

创业13年至今，他的日成交量已达5000万条。现在，他的绳索品种已经增加了许多，有塑料绳、缎带、绢带等。每条价格高达5元左右。他的老客户都曾是他的原价销售时的直接受益者，所以，这些老客户后来一直在支持他。

做事业就是做人，你事业做得如何成功，在一定程度上表示你人做得如何成功。要想成就某种事业，就必须不断培养自己的人际关系，通过人际关系的改善，最后让自己的事业登上顶峰。世界上最伟大的企业家一定是人际关系很好的企业家，他或者通过自己的人格魅力赢得了别人的尊重，或者通过办事能力和与人相处赢得了别人的跟从。

做事，就要学会培养人际关系，不断改善自己的人际关系，最终获得事业的成功。

用温暖而不是威严来说服别人

人应该被敬倒的，而不是被吓倒的。为此我们要善于用温暖，而不是威严去说服别人。也就是说在日常工作中，我们要善于动用自己的非权力影响力，而不是权力影响。很多人往往摆着一副公事公办的面孔，要求别人立即办到，这种对人的态度，不仅不能赢得工作的质量，而且还会失去人心。

旅行者穿着一件大衣急匆匆地赶路。北风看见了，便对太阳说："咱们俩来比赛一下吧，看看谁能让这位旅行者脱下他的大衣。"

"好吧。不过，这场比赛一定是我赢。"太阳说。

"你赢？哈哈哈！"大风骄傲地说，"你一定没有见识过我的威力吧。我发起威来，可以吹倒庄稼、吹倒树木、吹倒房子。我能让世界上的一切在我的威力下瑟瑟发抖。别说从他身上吹掉一件大衣，就是把屋顶统统吹翻，我也办得到。"

大风说完，便开始发起威来。它鼓足了劲儿，拼命吹了起来。河水翻起了波浪，树木东摇西晃，鸟儿们躲藏了起来，大地上的万物果然在它的威力下颤抖了起来。

然而那个旅人呢？他不但没有脱掉大衣，而且把大衣越裹越紧，大风累得筋疲力尽，仍然不能让旅人脱掉大衣。

大风无计可施。

"现在看我的吧。"太阳略略增加了一点温度，慢慢地，旅人感到越来越热，于是他解开了衣扣。过了一会儿，他干脆脱下了大衣。

太阳赢了。

要学会用温暖去说服别人，而不是用威严，任何人都可以摆出一副威严的面孔，但并不是任何人都有一颗温暖的心。威严的面孔只能赢得别人一时的服从，但是如果自己没有像"一只火鸡统帅一群小鸡"的威势，这种威严迟早会变成别人心中的怨气。而温暖则不同，当你用温暖的时候，别人也将回报你温暖。你可以不用绩效去考核别人、用监视去防范别人，你也将得到高质量且稳定的完成。

做事，就要善于用温暖，而不是威严，要善于运用非权力影响力，而不是运用权力影响力。

用诙谐幽默拉近距离

诙谐幽默是紧张气氛的缓和剂。一个能诙谐和幽默的人显然不会是冷酷无情的人。既然不是冷酷无情的人，自然不用过于紧张，大家可以放开心怀。在具体做事的过程中，我们要善于运用诙谐和幽默的力量来达成目标，这是一个目标实现的好方法。很多人往往不懂得诙谐幽默的力量，会误以为那是不正经。其实正经不正经，关键在于结果是否实现，如果结果实现，正经不正经又有什么关系？

在第四次作代会上，萧军应邀上台，第一句话就是："我叫萧军，是一个出土文物。"这句话包含了多少复杂感情：有辛酸，有无奈，有自豪，有幸福。

而以自嘲之语表达，形式异常简洁，内涵尤其丰富！

胡适在一次演讲时这样开头："我今天不是来向诸君作报告的，我是来'胡说'的，因为我姓胡。"话音刚落，听众大笑。

一个人做事必须拉近和别人的距离，和别人拉近距离的最好办法就是不要让别人觉得和你相处比较紧张。一个外表严肃的人往往没有多少朋友，原因就在这里。我们要让别人感觉到一种轻松的氛围，在这种轻松的氛围中，我们来共同实现目标。

与人相处是一门高超的艺术，我们要想掌握这门艺术，就必须充分利用自己的魅力，把自己锻炼成为一个别人愿意亲近的人。当我们和别人亲近的时候，做事对于我们来说，显然容易得多，而且很多不必要的矛盾也就不会产生。

每一个人都有自己的特点，都可以按照自己的特点培养出属于自己的幽默。通过幽默的培养，我们不断培养出自己的亲和力，这样有利于目标的实现。我们并不是要成为严肃严厉的人，我们要成为有亲和力的人。当然亲和力也应该把握度，当过于亲和的时候，往往会招来戏谑。为此，这需要我们不要当老好人或者和事老，要恩威并施。

做事，就要善于和别人拉近距离，通过和别人拉近距离，来推动事业的实现。

不要停留在表面上的合作

我们和别人合作共事，就不能仅仅停留在表面上的合作。是否是表面的合作，其实每一个人都能够感受到。为此我们要想获得事业的成功，首先一定要得到价值观上的认同。只有价值观上认同，大家齐心协力共同提高，我们才能够最终获得事业的成功。很多人或许认为做事就是做事本身，只要完成了目标就可以。事实并非如此简单。

有三只老鼠结伴去偷油喝，可是油缸非常深，油在缸底，它们只能闻到油的香味，根本喝不到油，它们很焦急，最后终于想出了一个很棒的办法，就是一只咬着另一只的尾巴，吊下缸底去喝油，他们取得一致的共识：大家轮流喝油，有福同享谁也不能独自享用。

第一只老鼠最先吊下去喝油，它在缸底想："油只有这么一点点，大家轮流喝多不过瘾，今天算我运气好，不如自己喝个痛快。"夹在中间的第二只老鼠也在想："下面的油没多少，万一让第一只老鼠把油喝光了，我岂不是要喝西北风吗？我干吗这么辛苦地吊在中间让第一只老鼠独自享受呢？我看还是把它放了，干脆自己跳下去喝个痛快？"第三只老鼠则在上面想："油是那么少，等它们两个吃饱喝足，哪里还有我的份，倒不如趁这个时候把它们放了，自己跳到缸底喝个饱。"

于是第二只老鼠狠心地放了第一只老鼠的尾巴，第三只老鼠也迅速放了第二只老鼠的尾巴。它们争先恐后地跳到缸底，浑身湿透，一副狼狈不堪的样子，加上脚滑缸深，它们再也逃不出油缸。

如果大家首先没有在价值观上达成共识，每一个心中都有自己的小算盘，那么这份事业也很难持续下去。为此，我们在与人共事的时候，一定要高度重视价值观的统一问题，只有一群有着共同价值观的人，才能够不仅仅是表面上的合作，才能够推动事业的持续做大做强。

做事，就要明白与人共事并不仅仅是表面上的合作，要和别人真的做到志同道合，共同推动一份事业走向长远。

把敌人转变为朋友

如果我们能够把一个敌人转化成为朋友，那么对于自己来说，不仅少了一个敌人，而且多了一个朋友。在做事业的过程中，人要善于把敌人转变成为自己的朋友。事实上，哪有永远的敌人，绝大多数敌人都是可以转化成为朋友的。很多人或许认为敌人就是敌人，永远都要"决一死战"。然而在现实中，我们发现真正的成功者往往善于将敌人转变成自己的朋友。

欧玛尔是英国历史上唯一留名至今的剑手。他有一个与他势均力敌的对手，同他斗了 30 年仍不分胜负。在一次决斗中，对手从马上摔下来，欧玛尔持剑跳到他身上，一秒钟内就可以杀死他。

但对手这时做了一件事——向他脸上吐了一口唾沫。欧玛尔停住了，对他说："咱们明天再打。"对手糊涂了。

欧玛尔说："30 年来我一直在修炼自己，让自己不带一点儿怒气作战，所以我才能常胜不败。刚才你吐我的瞬间我动了怒气，这时杀死你，我就再也找不到胜利的感觉了。所以，我们只能明天重新开始。"

这场争斗永远也不会开始了，因为那个对手从此变成了他的学生，他也想学会不带一点儿怒气作战。

做事业，我们必须有一份胸怀，这份胸怀足以将敌人转化成为朋友。我们要永远相信人生没有永远的敌人，任何商业的竞争对手都可能成为我们的朋友。为此我们在遇到竞争对手的时候，我们都要用一种友善、一种大度去面对。其实，做事业过程中，谁是谁非，有些时候很难说清楚。为此，我们不要认为我们所坚持的就一定是绝对的真理，而别人所要求的纯属无理取闹，我们要站在对方的角度考虑问题："如果换作是我们，竞争手段恐怕有过之而无不及。"

做事就要学会化敌为友的艺术，不要将敌人永远看成敌人。在具体的事业中，我们不光有竞争，而且更多的在于合作。为什么我们不能和我们的竞争对手共同合作呢？

热情快乐拥有好人缘

一个人热情快乐会感染别人，进而也让自己拥有很好的人缘。我们不要试图把自己变成"黑脸包公"，生活在这个社会上，我们不是生活的判官，而应该是生活的参与者。在做事业的过程中，我们也不是事业的判官，哪怕自己是领导者，也不是所有事情的判官。为此，我们要将自己定位为参与者，用一种热情和快乐的心态共同参与。很多人或许认为热情快乐，拥有好人缘，对事业并没有很大的帮助。其实恰恰相反，正是因为热情快乐，所以事业才获得了持续的动力，才有了最本质的意义。

去过庙的人都知道，一进庙门，首先是弥勒佛，笑脸迎客，而在他的背后，则是黑头黑脸的韦陀。但相传在很久以前，他们并不在同一个庙里，而是分别掌管不同的庙。

弥勒佛热情快乐，所以来的人非常多，但他什么都不在乎，丢三落四，没有好好的管理账务，所以依然入不敷出。而韦陀虽然管账是一把好手，但成天阴着个脸，太过严肃，搞得人越来越少，最后香火断绝。

佛祖在查香火的时候发现了这个问题，就将他们俩放在同一个庙里，由弥勒佛负责公关，笑迎八方客，于是香火大旺。而韦陀铁面无私，锱铢必较，则让他负责财务，严格把关。在两人的分工合作中，庙里一派欣欣向荣景象。

我们每一个人，无论自己多么有才华，无论自己多么有能力，都要善于与人相处，都要善于收获一份好人缘。我们要学会热情快乐起来氛围，让我们的热情快乐去感染别人，让别人也热情快乐起来。通过这样一种热情快乐的氛围，我们共同把事业做好。其实，所有人的心中都渴望一种简单快乐，这种简单快乐让自己活得有滋有味。

做事，就要学会用一种热情快乐去感染人，通过感染人，大家共同把事业做好。

不要窝里斗，避免两败俱伤

窝里斗的结果，永远都只有一个，那就是两败俱伤。没有人喜欢窝里斗，但是到最后很多人都在不断窝里斗。尽管很多人明白窝里斗的结果，但是还是停止不了自己的行为。有些时候，人争的不是利益，而是一口气。其实争赢了又怎么样，争输了又能怎么样？但是人们还是愿意去争，以至于后世的人都表示不理解。做事很多的人往往由于固执，而导致矛盾丛生，最后演变成为窝里斗。

从前，某个国家的森林内，有一只两头鸟，名叫"共命"。这鸟的两个头"相依为命"。遇事向来两个"头"都会讨论一番，才会采取一致的行动，比如到哪里去找食物，在哪儿筑巢栖息等。

有一天，一个"头"不知为何对另一个"头"发生了很大误会，造成谁也不理谁的仇视局面。其中有一个"头"，想尽办法和好，希望还和从前一样快乐地相处。另一个"头"则睬也不睬，根本没有要和好的意思。

如今，这两个"头"为了食物开始争执，那善良的"头"建议多吃健康的食物，以增进体力；但另一个"头"则坚持吃"毒草"，以便毒死对方才可消除心中怒气！和谈无法继续，于是只有各吃各的。最后，那只两头鸟终因吃了过多的有毒的食物而死去了。

以大局为重，说起来容易，但真正做起来却很难。但是尽管难，也必须做到，因为如果不能做到大局为重，最后只可能毁掉事业的根基。我们要避免窝里斗，首先就要学会用一种正确的观念看待是非。我们每一个人都有缺点，在工作中不可避免地暴露出自己的缺点，为此会造成很多的矛盾。如果别人暴露出了缺点，我们一定要有包容的心，不要过于计较，也不要和别人对着干；如果是自己暴露出了缺点，我们一定得反省，不要欲盖弥彰。我们得承认，我们每一个人都不是完人。正因为我们每一个人都不是完人，所以我们希望共同努力，来推动一项事业。

做事，就永远都不要窝里斗，这种斗争一旦兴起，将摧毁整个事业的根基。

不要眼睛只盯着别人

做事情，要将眼光放到事情上，而不要总是盯着别人。大家应当齐心协力将事情完成，而不要总是斤斤计较自己做了什么，别人该做什么却没做到。我们要善于发现自己的缺点，而不是善于发现别人的缺点。很多人往往一双眼睛看着别人，生怕别人偷奸耍滑，而自己吃亏了。事实上，当我们用眼睛看着别人的时候，我们也会发现别人看着我们的眼睛，这样我们的事业的信任基础就丧失了。

12头猪涉水过河。到达彼岸时，最年长的猪队长，便开始点数，唯恐遗漏。"一头，二头，二头……"它数了几次，总是少了一头。

"奇怪？刚才还没有过河时。明明是有12头的，怎么现在却少了一头，难道有一头被水冲走了？各位帮忙数一数好不好？"

猪仔们听队长这么一说，便数了起来。但数来数去都是11头。

它们都开始紧张起来。

此时，有名牧童骑牛走过，见到这情景，大笑起来。

那猪队长生气地说："你笑什么？我们都在着急，你却帮也不帮，还在笑！"

那牧童说道："你们明明是12头，但你们的眼睛只看别人，不看自己，所以数来数去只有11头啦！"

在具体工作中，要学会正视自己的缺点和错误，不要总是将自己的目光对准别人。每一个人都有缺点和不足，我们自己的缺点和不足都来不及改正，哪有时间和精力去指责别人。做大事者，一定要学会如何通过反躬自省，最终影响别人。我们要基于一种信任去感动那些和我们同行的人。

做事，就要有胸怀，就要收敛自己挑剔的眼光，要首先学会挑剔和批评自己。

要成大事就要有姿态

做大事，必须有做大事的姿态。当你急切想获得成功的时候，你的热情和急盼就是一种姿态。当你想获得别人的帮助的时候，你的尊重就是一种姿态。做大事需要人才，我们要善于通过一种姿态，来获得人才。很多人往往认为这是虚张声势，场面上的事情。但是如果场面上的事情能够帮助事业成功，为什么不能做呢？

从前有个君王，很想用重金买得千里马。可是三年过去了，一匹马都没有买到。有个大臣见君王为此事终日不乐，就提出带上一千两黄金出去替君王买马的请求，君王答应了。

大臣奔波了三个月，才获得了一匹千里马的线索，可是当他赶到那里的时候，那匹千里马已经死了。大臣想了想，还是花去五百两黄金，把那匹死千里马的尸骨买了回来。

听说大臣买回来一具死马的骨头，君王十分气恼，斥责道："我要的是一匹活千里马，你白白花掉五百两黄金，买回一副马骨头，有什么用处？"

大臣不慌不忙地说："世上不是没有千里马，只是很多人不相信您会出重金来买，所以一连几年您都没能买到。如今我用五百两黄金买了千里马的骨头，无非叫天下人都知道，您是特别珍惜千里马的。消息传开，自然会有人把活的千里马送上门来。"

果然不出一年，君王就买到了好几匹千里马。

通过一种求贤若渴的姿态，创业者往往会聚拢优秀的人才，我们要善于显示自己这种姿态。在日常的工作中，我们对人才的态度都是我们的姿态，我们如何看待同事、如何尊重别人，不仅仅是我们的一己好恶，而且事关事业的根基。为了做成一件共同的事业，我们不应蝇营狗苟，不应患得患失，更不应有勾心斗角。通过这些问题的明确，我们要学会在日常工作中与人和平共处，要学会充分调动别人的工作积极性和热情。

做事，首先就要有一种姿态，通过这种姿态，我们来吸引人才，也通过这姿态，我们保持一种融洽的氛围。最终，推动我们的事业的完全实现。

好的言语容易进入别人的心

在做事情的过程中，要学会对人有好的言语。千万不要恶言恶语，这样不仅会伤了别人，而且于事无补。好的言语在日常工作中至关重要，它能够顺利进入别人的心。很多人从来都不会拐弯抹角，他们想到什么就说什么，最后得罪了很多人。更为严重的是，他们让整个团队的气氛变得不和谐。

某流浪汉敲了一户人家的门，女主人过来开门，一看见是流浪汉，便十分不屑地说道："你的样子这么壮实，本可以在矿场或者工地安安生生地挣钱养活自己，用不着流浪和乞讨的？""是的，太太。您说得一点不错，可是您长得这么漂亮，本来应该登台演出的，可您怎么在家做起了家务？"女主人一听，口气立即变得温柔起来，对流浪汉说："您等一下，我去给您拿点东西。"……

我们对人说话千万不要用命令的口吻，命令的口吻在日常看来就是对人的不尊重。越是伟大的人物，越是注重说话的方式，他们往往用一种友善和商量的口吻来要求别人做事情，最后赢得了别人的尊重。

试想一下，如果我们用一种命令的口吻，甚至是恶言恶语来要求别人做事情的话，其结果是消极的，工作很难保质保量地完成。因此在日常工作中，我们要善于收敛自己的言语，不要让恶言恶语脱口而出。

与人交往的时候，还要注意鼓励和表扬。当你鼓励和表扬别人的时候，别人会把话往心里面记，会乐意听你的话。而当你批评别人的时候，别人也会把话往心里去，但是绝对不乐意听你接下来要说的内容。如果与别人沟通的目的在于完成工作，显然第一种完成工作的方式较为妥当。我们不要吝惜自己的鼓励和表扬，而要善于用这种表扬来深入别人的内心。

做事，就要学会赞扬别人，要懂得如何深入人心。当然，在赞扬别人的时候，一定要让别人感受到我们的真诚。

你得有个好拍档

做事业，你必须拥有一个好的拍档，一个好的拍档往往让你事半功倍。而相反，一个不好的拍档会让你处处掣肘，寸步难行。很多人往往注重个人的努力，而忽略拍档的力量。我们要想成就一番事业，就必须有好的拍档，一个和自己志同道合、心意相通的人。

古时有一个人，鼻子尖上沾了一点白石灰，这层白石灰薄得像苍蝇的翅膀一样。请他的好友一位名叫石的工匠用斧子把它削去。工匠石挥动斧子，只听见一阵风响，手起斧落，白石灰削得干干净净，鼻子却没有一点损伤都没有。国君听说这件事后，就把工匠石叫了过来，说："我鼻子尖沾点石灰，你再削一次让我看看。"工匠石叹息一声说："我曾经的确是会削的，但是，那个敢让我削的人却已经不在人世了。"

一个好的拍档，不仅要和自己志同道合，而且要心意相通。战国时期，荆轲刺杀秦王时，选择的拍档是秦舞阳。秦舞阳年轻的时候就很是勇敢，但是这种勇敢只是匹夫之勇，面对秦朝大殿的威严，他吓得哆哆嗦嗦，最终被赶出了大殿。而荆轲最终也功败垂成。假如秦舞阳能够和荆轲形成拍档，不害怕秦朝大殿威严的话，他们的胜算会更大一些，中国的历史也许因为这两个人而彻底改写。

我们做事一定要找一个好的拍档，好的拍档抵得不好的拍档产生的不良后果。为此，我们要有识别好拍档的能力。在获得好拍档之后，一定要明确相互的分工，但是这种分工不是断然割裂的，而是有机统一、互相补充的。

做事，就要学会寻求好的拍档。在拥有了好的拍档之后，要和他做到志同道合，最后形成一种默契，通过这种默契来推动事业不断地成功。

不要把别人的功劳归到自己头上

做事情要善于把功劳归到别人的头上，这样可以赢得未来的合作。但是问题在于，很多人不但不善于把功劳归到别人头上，相反，对于别人的功劳，他们拼命地想捞过来，当成自己的功劳。很多人或许认为这没有什么不妥的。其实，这种做法从根本上已经毁坏了合作的基础——信任。

在行进的路上，车轮子吱吱地叫苦不迭。筋疲力尽的马十分惊奇地说："我的朋友啊，你这是怎么回事？"车轮子说："难道你没有看到我拉着满满一车东西吗？哎！日子过得真艰苦……"马十分疑惑地对车轮子说："我的朋友，好像拉着这车的是我，而不是你吧！你为何要连声抱怨呢？"现实生活中就是有些人满腹牢骚，到处吹嘘自己的功绩。其实，他所谓的功劳并不属于他，而属于别人。

有些时候，功劳到底是谁的，很难判断，这就要求评判者较为明智，千万不要胡乱判断，一旦功劳张冠李戴，整个事情就弄巧成拙了。没有功劳的反而受到表扬，他们会暗自高兴，到最后真的认为功劳是他们创造的一样。有功劳却没有获得表扬的自然垂头丧气，甚至暗生离心。事情的评价系统一错，整体的士气就会严重受挫。为此我们一定要有很敏锐的眼光。

评价事情不仅需要评判者较为明智，而且还需要有一套很好的评价机制。这种评价机制是奖勤惩懒的，而不是姑息纵容的。在具体做事中，我们不能充当和事佬，奖惩一定得分明。只有奖惩分明，我们的机制和信誉才能够得到维护。如果该奖不奖，该罚不罚，企业最后一定会做到乌烟瘴气，因为这里没有公理可言。

做事，就要学会明辨功劳，把功劳归到它应该归属的人身上。虽然每一个管理者都不可能做到绝对明智，并且完全清楚事情。但是在事情没有确定清楚之前，我们千万不要随意赏罚。否则的话，会失去基本的公信。

你要有跟你说真话的朋友

做事业的过程中，你一定要有能够和你说真话的朋友。每一个人都喜欢听好话，这种心态本身没多大问题。但是如果在做事业的过程中，老是喜欢听好话，然后你会慢慢发现，你听到的都是好话，而最后你的事业也越来越糟糕。原因就在于你喜欢听好话，于是别人就净说好话，这样会让你觉得舒心。我们一定要善于听不好的话，这是做事业必须有的标准。很多人往往分辨不出真话和假话，他们误以为阿谀奉承的话都是真话，最后落得别人笑话。

鹰王和鹰后挑选了一棵又高又大、枝繁叶茂的橡树，在最高的一根树枝上开始筑巢，准备夏天在这儿孵养后代。鼹鼠听到这些消息，壮着胆子向鹰王提出警告："这棵橡树可不是安全的住所，它的根几乎烂光了，随时都有倒下来的危险。"鹰王根本瞧不起鼹鼠的劝告，立刻动手筑巢，并且当天就把全家搬了进去。不久，鹰后孵出了一窝可爱的小家伙。但不久，树便倒了，鹰后和它的子女都摔死了。看见眼前的情景，鹰王十分后悔没有听从鼹鼠的忠告，毕竟树根的情况它最清楚。

做事业，就一定得听得进真话。市场是无情的，它不会因为你想听好话，于是给你拼命地制造好消息。恰恰相反，市场的消息，由于竞争的加剧，很多时候都是负面的。因此我们一定要保持清醒的头脑，无论我们的事业做到了怎么样的程度，只要我们还在前进中，我们就要学会听不好的话，就要善于听不好的话，就要鼓励别人说不好的话。正是这些话，激励着我们不断前进。

至于那些拼命说好话的人，我们应当尽量疏远。如果不疏远的话，久而久之，我们会对这些人产生一种依赖和感情。这种依赖和感情会让我们丧失评价的标准，最后事业也将一败涂地。

做事就要学会听不好的话，要听真话，而不要听那些沾满蜂蜜的"好话"，那些话不但对我们的事业没有任何帮助，相反，它们只会起负面效果。

有时候，眼见都不一定为实

也许我们能够做到不过于相信自己的耳朵，但是我们几乎都相信自己的眼睛。眼见为实，很多时候，我们都无法拒绝眼睛看到的东西。但是，也有很多时候眼睛看到的东西是不真实的，如果我们过于相信，我们就将失去公心。很多人也许认为眼见都不为实，那么就没有真相可言了。真相一定是有的，你可以通过调查。

孔子走到陈国和蔡国之间的时候，遇到困境，连野菜汤也喝不上，七天没有吃到一口粮食，只好在大白天里睡觉。这时候，他的弟子颜回找到一点米，把它放在甑里面煮。饭快熟了，孔子看见颜回抓甑里面的饭吃。过了一会，饭熟了，颜回请孔子吃饭。孔子装着没有看见刚才那件事的样子，站起来说："刚才我梦见祖先，要我把最干净的饭送给他们。"颜回连忙说："不行，刚才有些灰尘掉进甑里，把饭弄脏了一些，我感到丢掉了不好，就用手把它抓起来吃了。"孔子于是慨叹知人不易。

我们不要太相信自己的眼睛。一个上班时间睡觉的人，也许我们第一感觉就是上班时间都不能保障好好工作，这个人该罚。但是如果这个人昨夜通宵在为公司处理文件，而今天又准时来上班呢？这个时候我们的惩罚是不是失去了公正？

为此，不要过于相信自己的眼睛，我们要综合分析，相信自己对人的综合判断。不仅如此，更重要的是我们要相信别人的说法。没有人愿意被别人看不起，也没有人愿意让别人对自己产生误会。为此我们一定要听别人的说法，而且去相信他。

相信一次不够，可以相信第二次。相信第二次不够，不妨相信第三次。如果三次都不够的话，那么可以不再相信了。第一次叫不知道，第二次叫不小心，第三次叫最后给一次机会。如果我们能够有这样的胸怀去包容别人，我们怎么可能得不到别人的尊重和爱戴呢？如果我们通过这种方式获得了别人的尊重和爱戴，我们的事业怎么可能不成功呢？我们每一个人虽然都不是完人，但是我们如果要成为一个成功的人，就一定要善于倾听别人。真正成功的人不是自己滔滔不绝，置别人于不顾的人，而是那些愿意倾听别人的人。

　　做事，就要学会相信别人，而不要过于相信自己的眼睛。那些自以为明智的人，往往是自作聪明了。

第六章　人生最大的失败就是轻言放弃

人生最大的失败就是放弃,当你选择放弃的时候,一切就已经结束，没有任何借口可言。

能力和位置永远是匹配的

能力和位置永远都是匹配的，如果位置不够，往往不是因为怀才不遇，而是因为能力的问题。我们在追求位置的时候，一定要考虑清楚我们的能力。如果能力不够，千万不要追求过高的位置。有些时候能力够了，我们也应该从低做起。很多人会认为自己位置不够高是老板不够赏识，而不是自己能力不足的缘故。事实上，如果真有能力的话，真正想做事业的老板一定会赏识的。至于那些不想做事业的老板，从一开始我们的选择就错了。

A 对 B 说："我要离开这个公司。我恨这个公司！"

B 建议道："我举双手赞成你报复！这个破公司一定要给它点颜色看看。不过你现在离开，还不是最好的时机。"

A 问："那什么时机比较好？"

B 说："如果你现在走，公司的损失并不大。你应该趁着公司给的机会，拼命去为自己拉一些客户，成为公司独当一面的人物，然后带着这些客户突然离开公司，公司才会受到重大损失，非常被动。"A 觉得 B 说的非常在理。于是努力工作，事遂所愿，半年多的努力工作后，他有了许多的忠实客户。

再见面时 B 问 A："现在是时机了，要跳槽赶快行动哦！"

A 淡然笑道："老总跟我长谈过，准备升我做总经理助理，我暂时没有离开的打算了。"其实这也正是 B 的初衷。

我们要相信能力和位置是匹配的。为此我们要不断地提高自己的能力，而不是拼命地盯着上面的位置。我们通过不断提高自己的能力，来获得更大的发展空间。如果老板慧眼识人，我们的位置自然会上去。如果老板闭目塞听，我们的能力已经得到了提升，自然能够拥有更大的发展空间。这个时候损失的永远不是我们，而是老板本人。

一定要在做事中不断提升自己的能力，通过能力的提升来获得更大的发展空间。我们每一个人不要把一件事单纯理解为事情本身，每一件事都是对自己能力的锻炼，同时通过一系列事情的锻炼，我们逐渐成为了一个能力很强的人，进而拥有了更为广阔的空间。

做事，就要学会在做事中不断提升自己的能力，不要总是抱着怀才不遇的思想。人之所以怀才不遇，很多时候是因为不能正确认识自己，而并非没有人欣赏。

让损失降到最低程度

事情遭遇失败，任何人都有可能遇到。遇到失败的时候，我们不要一败涂地，我们要在失败中寻找到新的东西，这些会将失败降到最低程度。伟大的人物绝对不是一帆风顺、从来不遭遇失败，恰恰相反，因为他们敢于尝试，所以他们遭遇的失败更多。而之所以成就了伟大，正是因为他们从来不把失败当成结果，而是当成一个过程，这个过程中，如果能够把失败造成的损失降到最低程度，那就是最大的成功了。很多人往往在失败面前一筹莫展，认为自己一无是处，只能追求下次再来。等到下次再来的时候，也遇到了同样的困境，于是日益消沉，渐渐地失去了动力。

在南方一个寺院里，有一位老和尚，自知自己余下的岁月不多，想从身边一帮虔诚的弟子中挑选一个接班人。有一天，他嘱咐弟子们每人去南山打一担柴回来。

弟子们遵从师命，结伴向南山奔去，但当匆匆行至离山不远的一条河流时，大家都惊呆了：洪水从山上奔泻而下，水流湍急，无论如何也无法渡河打柴了。弟子们垂头丧气，只得原路返回。

只有一个小和尚回来后，从怀里掏出一个红红的苹果，交给师父。然后对师父说："我过不了河，打不了柴，但见河边有棵苹果树，我就顺手把河边树上唯——一个苹果摘了来，总算没有空手而回。"

后来，这位小和尚成了老和尚的衣钵传人。

在遭遇失败的时候，我们一定要首先相信现在只是一个过程，我们只不过是在成功的路上摔了一跤，我们还在这条路上，所以没有什么了不起的。同时，我们要尽量在失败中获得更大价值，让失败不再是失败，而是我们前进的动力。很多伟大的人物都是从失败中成长起来的，爱因斯坦亲手做的前两个小板凳都失败了，但是他用锲而不舍的精神去做第三个小板凳。最后第三个小板凳虽然也失败了，但是对爱因斯坦来说，因为这个小板凳是他自己做的，而且比前两个要强，已经是相当大的进步了。在以后的日子中，正是这种锲而不舍的精神推动爱因斯坦不断前进，最后成就了伟大。

做事就要学会在失败中获得更多的力量、更多的收获。我们不要让失败成为一个结果，而要把它看成一个过程，我们在过程中不断进步。

关键时刻要挺住，坚持一下

做事情难免会遇到关键时刻，在关键时刻挺一下，坚持一下，也许事情就成功了。很多人往往过于量力而行，他们往往单凭自己所拥有的能力而努力，而忽略了要达到的结果。很多时候，我们都会遇到关键时刻，勇敢的人坚持下去，最后获得了成功；懦弱的人退了下来，结果一败涂地。从此以后，懦弱的人就被拉开了长长的距离，甚至永远无法超越。

1950 年，弗洛伦丝·查德威克因成为第一个成功横渡英吉利海峡的女性而闻名于世。两年后，她计划从卡德林那岛出发游向加利福尼亚海滩，梦想能再创一项前无古人的纪录。

那天，海面浓雾弥漫，海水冰冷刺骨。在游了漫长的 16 个小时之后，她的嘴唇已冻得发紫，全身筋疲力尽而且一阵阵战栗。她抬头眺望远方，只见眼前雾霭茫茫，仿佛陆地离她还十分遥远。"现在还看不到海岸，看来这次无法游完全程了。"她这样想着，身体立刻就瘫软下来，甚至连再划一下水的力气都没有了。

"把我拖上去吧？"她对陪伴着她的小艇上的人说。

"咬咬牙，再坚持一下。只剩一英里远了。"艇上的人鼓励她。

"别骗我。如果只剩一英里，我就应该能看到海岸。把我拖上去，快，把我拖上去！"

于是，浑身瑟瑟发抖的查德威克被拖上了小艇。

小艇开足马力向前驶去。就在她裹紧毛毯喝了一杯热汤的工夫，褐色的海岸线就从浓雾中显现出来，她甚至都能隐隐约约地看到海滩上欢呼等待她的人群。到此时她才知道，艇上的人并没有骗她，她距成功确确实实只有一英里。她仰天长叹，懊悔自己没能再坚持一下。

我们要学会坚持，越是困难的时候，越要坚持。千万不要在关键时刻放弃，这样不仅结果可惜，而且也浪费了自己大量的时间和精力。我们看到很多人，他们本应该非常成功，但是最后他们过得很失败。他们曾经多少次在成功的边缘，但是最终他们还是退却了下来。人生有时候就像隔了一层薄薄的窗户纸，很多人在窗户纸这边跌跌撞撞，处境艰难，他们无数次接近窗户纸的边缘，但是此时此刻他们已经精疲力竭了，没有力量去捅破那层窗户纸。其实他们不知道他们是有能量的，只要再努力一下，用力捅破那层窗户纸，他们的人生就完全形成了另外一种格局，他们就可以平步青云。

做事，就要学会坚持再坚持。人是有能量继续坚持的，当你放弃的时候，你就将失去一次成功的机会。而当你有了这次的放弃，以后一定会有接二连三的放弃，这不是一个成功者应该拥有的品质。

成功者找方法，失败者找借口

成功的人总是去找方法，让自己更加成功；而失败的人总是去找借口，让自己一败涂地。我们要做成功的人，就永远不要找借口。借口是精神麻药，只能短时间对我们起到抚慰的作用，它永远都不可能成为我们前进的动力。很多人或许认为每一个人做事都有自己的理由，但是很多时候我们是把借口当成了理由。我们是能够获得成功的，能获得大成功的。

一个富人见一个穷人很可怜，愿意发善心帮他致富。富人送给穷人一头牛，嘱咐他好好开荒，等春天来了撒上种子，秋天就可以远离贫穷了。

穷人满怀希望开始开荒，可是没过几天，牛要吃草，人要吃饭，日子比过去还难，穷人就想，不如把牛卖了，买几只羊，先杀一只吃，剩下的还可以生小羊，长大了拿去卖，可以赚更多的钱。

穷人的计划付诸了行动，只是当他吃了一只羊之后，小羊迟迟没有生下来，日子又艰难了，他忍不住又吃了一只。穷人想，这样下去还得了，不如把羊卖了，买成鸡，鸡生蛋的速度要快一些，鸡蛋立刻可以赚钱，日子立刻可以好转。

穷人的计划又付诸了行动，但是日子并没有改变，又艰难了，他又忍不住杀鸡，终于杀到只剩一只鸡时，穷人的理想彻底破灭了。穷人想致富是无望了，还不如把鸡卖了，打一壶酒，三杯下肚，万事不愁。

很快春天来了，发善心的富人兴致勃勃地来送种子，赫然发现，穷人正就着咸菜喝酒，牛早就没有了，生活依然一贫如洗。

很多人都说穷人是因为穷命。事实根本就不是这样，而是因为穷人有一套穷的思维逻辑。正因为这套穷的思维逻辑，他们的生活才陷入困顿之中。我们要成为富有的人，我们理所当然能够成为富有的人。我们通过自己的努力，一定能够富有，但是首先要抛却我们那种贫困的逻辑。

无论是事业还是生活，一旦陷入困境，我们所能做的就是拼命找办法，找出路。不要老是在自己过去的伤口上舔舐，甚至剥开过去的伤口来看看自己当初伤得有多深。这种做法于事无补，而且会让我们继续陷入困顿。工作中遇到压力，我们找到压力的源泉，然后解决它，成功就是这么简单。

做事就要始终去找方法，而不是去找借口，不要通过借口来给自己精神疗伤，而应当运用方法让自己更加强大。

赢得起，也输得起

做事业难免有输赢，人要赢得起，也要输得起。我们将自己的精力和资源用于事业，在一开始的时候就应该抱有愿赌服输的心理准备。任何事业都不能保证一定成功，如果一定要成功，那么一定会聚集很多的资源，最后的结果必然是导致格外激烈的竞争，大多数人都无利可图，进而失败。为此，我们一定要端正事业的态度，赢得起，也要输得起。很多人赢了的时候十分欢喜，输了的时候垂头丧气。这就造成赢了变成负担，输了变成阻力。这样的态度怎么能够取得成功呢？

这是一次残酷的长跑角逐。参赛的有几十个人，他们都是从各路高手中选拔出来的。

然而最后得奖的名额只有三个人，所以竞争格外激烈。

一位选手以一步之差落在了后面，成为第四名。

他受到的责难远比那些成绩更差的选手多。

"真是功亏一篑，跑成这个样子，跟倒数第一有什么区别？"

这就是众人的看法。

这位选手若无其事地说："虽然没有得奖，但是在所有没得到名次的选手中，我名列第一。"

我们做事业一定要赢得起，也要输得起。我们固然追求胜利，但是当胜利成为一种奢望的时候，我们要学会用一种平常心来对待失败。只要我们还活着，只要我们还坚持，我们就一定能够获得成功。

做事业没有愿赌服输的精神，怎么能成功？虽然事业不是赌博，但是它需要有冒险精神。风险和收益很多时候都是成正比的。我们必须正确地看待风险。我们不是要把自己培养成为一个完人，我们只是想把自己锻炼成为一个坚强的人。坚强的人有坚强的心，事业才有可能无往而不利。

做事，就要赢得起，也输得起，不要因为一时的失败而垂头丧气，也不要因为一时的成功而自鸣得意。

坚持就有转机，放弃等于提前结束

人需要有一种坚持的精神，当你坚持的时候，再困难的事情也可能出现转机。我们做事业需要一种坚持的精神，任何事业都不是一朝一夕、一蹴而就。如果没有坚持，我们就没有成功的可能。很多人往往在事情看似走到绝路的时候就放弃了，但是事实并非如此，很多事情并没有走到绝路，一定会出现转机，我们只不过被一些障碍给挡住了视线。

1941 年，英国正处于第二次世界大战中最阴暗的日子里。有人要求丘吉尔向德国求和，但是被他拒绝了。当时，丘吉尔正面临着德国在欧洲的压倒性的军事优势，而美国又明确表示不会再卷入欧洲地面战争。为什么丘吉尔拒绝达成某种和平协议，以结束战争呢？

丘吉尔说："肯定会出现某种状况，把美国卷入战争，这样就可以使战争急转直下。"

有人问他为什么那么自信地认为肯定会出现那样的状况，他回答说："因为我研究过历史，历史告诉我，如果你坚持的时间长，就肯定会出现转机。"

我们今天所面对的绝大多数挫折和丘吉尔在第二次世界大战中所面临的巨大挑战相比根本无足轻重。关键是看你能不能以平常心来看待，并且坚信能够等到转机的出现。

我们千万不要轻言放弃。当我们选择放弃的时候一定是我们已经无能为力，而且别人也彻底没可能帮助我们的时候。我们要学会坚持，只要坚持，就有获胜的可能。真正走到胜利终点的人，不是那些起步比别人高，起跑比别人快的人，而正是那些懂得坚持不懈的人。因为他们的坚持不懈，他们渐渐有所成就，渐渐小成就成为了大成就，最后走向了成功。

做事就要学会坚持，永远地坚持。我们的生命就在于坚持，我们的事业也在于我们的坚持。我们坚持我们的事业，坚持我们的梦想，最后我们的事业和梦想都成真了。即便最后还是没有成功，我们也无怨无悔，我们这么多年一直过着十分充实的生活。如果我们不坚持，我们会遇到什么？在失败的面前永远抬不起头来，未来想获得成功，心中始终有阴影，我们今天做一天，明天休息一天，后天怎么做都不知道，这样的规划怎么可能引导我们走向成功呢？做人做事必须有坚持的精神，因为坚持我们会有很多不一样的收获，也因为坚持，我们会有更多成功的感觉。

成功可能只在咫尺之间

成功在哪里？很多人都会这样问。成功其实就在你身边，关键看你如何把握。咫尺之间的成功是人一生的财富，有的人正是依靠咫尺之间的成功而持续获得成就的。很多人不懂得成功的含义，认为成功必须是大成就才行。其实不是这样的，我们自己一个成功的习惯，一个成功的举动，都可以继续发扬，最后走向大成功。

青年农民达比卖掉自己的全部家产，来到科罗拉多州追寻黄金梦。他围了一块地，用十字镐和铁锹进行挖掘。经过几十天的辛勤工作，达比终于看到了闪闪发光的金矿石。继续开采必须有机器，他只好悄悄地把金矿掩埋好，暗中回家凑钱买机器。

当他费尽千辛万苦弄来了机器，继续进行挖掘时，不久就遇到了一堆普通的石头，达比认为：金矿枯竭了，原来所做的一切将一钱不值。他难以维持每天的开支，更承受不住越来越重的精神压力，只好把机器当废铁卖给了收废品的人，"卷着铺盖"回了家。

收废品的人请来一位矿业工程师对现场进行勘察，得出的结论是：目前遇到的是"假胍"。如果再挖三尺，就可能遇到金矿。收废品的人按照工程师的指点，在达比的基础上不断地往下挖。正如工程师所言，他遇到了丰富的金矿胍，获得了数百万美元的利润。

达比从报纸上知道这个消息，气得顿足捶胸，追悔莫及。

我们不要把成功想得太遥远，其实成功就在我们每一个人的身边。我们拥有一个好的习惯可以通向成功，我们抓住生活中小的机会也可以通向成功。只要我们善于把握生活中的点点滴滴，我们就必然走向成功。真正的成功者绝对不是那些没有丝毫准备和上进心的人，碰到一次大运就取得了成功。真正的成功者正是一直在磨炼自己，等机会来临的时候，他一把抓住了，于是起来了。我们很多时候，只看到别人如何抓住机会，而忽略了别人是如何勤奋努力的，这从本质上来说是对成功的误解。

做事就要有"成功近在咫尺"的观念，要抓住身边的小机会，从小机会中逐渐演绎出大的事业来。千万不要因为善小而不为，因为恶小而为之。

越挫越勇，成就辉煌

在追求事业的路上，几乎没有人不遭遇挫折。挫折究竟是什么？是对我们的根本否定吗？不是，它是对我们的磨砺。成功就像一个挑剔的宝物，它一定要找能经受磨砺和考验的人。如果我们一遇到挫折，就选择颓然后退，那么显然我们不可能拥有成功。很多人遇到挫折便容易心灰意冷，那么挫折真是他一生的障碍。事实上，生活中很多的成功者，将挫折当成他们一生的财富。他们正是在挫折中不断勇往直前，最后创造了事业上的奇迹。

美国著名电台广播员莎莉·拉菲尔在她 30 年职业生涯中，曾经被辞退 18 次，可是她每次都放眼最高处，确立更远大的目标。最初由于美国大部分的无线电台认为女性不能吸引听众，没有一家电台愿意雇用她。她好不容易在纽约的一家电台谋求到一份差事，不久又遭辞退，说她跟不上时代。莎莉并没有因此而灰心丧气。她总结了失败的教训之后，又向国家广播公司电台推销她的清谈节目构想。电台勉强答应了，但提出要她先在政治台主持节目。"我对政治所知不多，恐怕很难成功。"她也一度犹豫，但坚定的信心促使她大胆去尝试。她对广播早已轻车熟路了，于是她利用自己的长处和平易近人的作风，大谈即将到来的 7 月 4 日国庆节对她自己有何种意义，还请听众打电话来畅谈他们的感受。听众立刻对这个节目产生兴趣，她也因此而一举成名了。如今，莎莉·拉菲尔已经成为自办电台节目的主持人，曾两度获得重要的主持人奖项。她说："我被人辞退 18 次，本来会被这些厄运吓退，做不成我想做的事情。结果相反，我让它们鞭策我勇往直前。"

我们要有越挫越勇的精神，挫折越大，我们心中的反抗也就越大。挫折只会让我们更勇敢，而不会消磨我们的意志。而只有勇敢的人，才拥有未来，不勇敢的人只能依靠运气。我们如果真的想成就一番事业，那挫折算什么？根本就不阻止我们的前进的脚步。一个真正想成就事业的人，不可能因为一两次挫折而灰心丧气，否则的话，只能说明他想成就事业不过是说说而已。一遇到挫折，他就像抓住了救命稻草一样，找到了一个看似完美无缺的借口，干着自欺欺人的勾当。

做事，就要不害怕挫折，遭遇挫折时要更加勇敢，在挫折中不断成长，毕竟挫折是成长的食粮。

没有什么叫不可能

我们经常听到很多人说不可能："这件事情怎么可能做完了"，"这么大的事情我怎么可能完成呢"。他们不断地给自己不做事情找借口，到最后，事情果然没有做成，他们就为自己有先见之明而自鸣得意。但是这个时候事情已经失败了，任何得意都无疑是一种嘲弄。失败就是失败，哪怕是预先知道失败，也没有得意的理由。很多人往往过于实际，他们不是很自信的人，他们没有充分意识到自己的能力，没有充分挖掘自己的潜能。基于此，他们的人生也显得格外的局促，不可能成就大的事业。

20世纪50年代初，美国一个军事科研部门着手研制一种高频放大管。开始的时候，科研人员都被"高频率放大能不能使用玻璃管"的问题难住了，他们一直在讨论是否应该换用其他材料，研制工作迟迟没有进展。后来，美国军方把这项任务交给了由发明家贝利负责的研制小组，同时还下达了一个指示："不许查阅有关书籍"。

经过贝利小组的共同努力，终于制成了一种高达1000个计算单位的高频放大管。在成功完成任务以后，研制小组的科技人员都想弄明白军方要下达"不准查书"的指令的原因。于是他们查阅了有关书籍，结果让他们大吃一惊。原来书上明明白白地写着："如果采用玻璃管，高频放大的极限频率是25个计算单位！"

贝利对此发表感想说："如果我们当时查了书，一定会对研制这样的高频放大管产生怀疑，就会没有研制的信心了。"

我们要有一种化不可能为可能的精神，在这样的精神指引下，我们才能做很有挑战性的事情。我们千万不要提前给自己设定框架，设定限制，认为自己这个不能做，那个也不能做，如果抱有这样的思想，那么什么都做不了。认为不可能，就是为自己找借口，事实上，人要成事就成事，要败事就败事，需要理由和借口吗？

做事，就要学会不要过于强调事情不可能，不要过分给自己找借口。要通过自己的努力去创造奇迹，实际上，很多看似不可能的事情，正是因为自己不相信不可能，最后把事情做成了。

越是艰难，越能获得生存的能量

因为事情艰难，所以人能够获得最大的进步。真正的成功者绝对不会总挑那些容易的事情来做，他们往往会选择比较难的事情，这样他们的人生能够快速蓄积起能量来。很多人往往对很难的事情很担心，他们把事情看成了困难本身，而没有将其当成生存的力量和勇气。

一位音乐系的学生走进练习室。钢琴上，摆着一份全新的乐谱。"超高难度！"他翻动着，喃喃自语，感觉自己对弹奏钢琴的信心跌到了谷底，消磨殆尽。已经三个月了，自从跟了这位新的指导教授之后，他不知道教授为什么要以这种方式整人。他勉强打起精神，开始用十只手指头奋战、奋战、奋战……琴声盖住了练习室外教授走来的脚步声。

指导教授是个极有名的钢琴大师。授课第一天，他给自己的新学生一份乐谱。"试试看吧！"他说。乐谱难度颇高，学生弹得生涩僵滞，错误百出。"还不熟，回去好好练习！"教授在下课时，如此叮嘱学生。

学生练了一个星期，第二周上课时正准备让教授验收，没想到教授又给了他一份难度更高的乐谱。"试试看吧！"上星期的课，教授提也没提。学生再次挣扎于更高难度的技巧挑战。

第三周，更难的乐谱又出现了。同样的情形持续着，学生每周在课堂上都被一份新的乐谱所困扰，然后把它带回练习，接着再回到课堂上，重新面临两倍难度的乐谱，却怎么样都追不上进度，一点也没有因为上周的练习而有驾轻就熟的感觉。学生感到越来越不安、沮丧和气馁。

学生再也忍不住了，他必须向钢琴大师提出这三个月来何以不断折磨自己的质疑。但教授没开口，他抽出了最早的第一份乐谱，交给学生。"弹奏吧！"他以坚定的眼神望着学生。

不可思议的结果发生了，连学生自己都惊讶万分，他居然可以将这首曲子弹奏得如此美妙，如此精湛！教授又让学生试了第二堂课的乐谱，学生依然呈现超高水准……演奏结束，学生怔怔地看着老师，说不出话来。

"如果，我任由你表现最擅长的部分，可能你还在练习最早的那份乐谱，就不会有现在这样的程度。"钢琴大师缓缓地说。

我们要有选择艰难的勇气和智慧，当我们能够把艰难的事情做好的时候，那些容易的事情对我们来说自然不在话下。做事就要不害怕艰难，勇于接受艰难；不要害怕失败，勇于接受失败。

把困难踩在脚下，搭建成功阶梯

困难每一个人都会遇到，但只有真正勇敢和有智慧的人才会把困难踩在脚下，用困难来搭建成功的阶梯。很多人把困难当成负担，磨难让自己疲惫不堪。但在人追求事业的过程中，那些容易得到的东西又有多少价值可言？我们正是在不断的困难打击下，获得了新生，这是我们追求成功的过程中无法拒绝的人生。

有一天某个农夫的一头驴子，不小心掉进一口枯井里，农夫绞尽脑汁想办法救出驴子，但几个小时过去了，驴子还在井里痛苦地哀嚎着。

最后，这位农夫决定放弃，他想这头驴子年纪大了，不值得大费周章去把它救出来，不过无论如何，这口井还是得填起来。于是农夫便请来左邻右舍帮忙一起将井中的驴子埋了，以免除它的痛苦。

农夫的邻居们人手一把铲子，开始将泥土铲进枯井中。当这头驴子了解到自己的处境时，刚开始哭得很凄惨。但出人意料的是，一会儿之后这头驴子就安静下来了。农夫好奇地探头往井底一看，出现在眼前的景象令他大吃一惊：

当铲进井里的泥土落在驴子的背部时，驴子的反应令人称奇——它将泥土抖落在一旁，然后站到铲进的泥土堆上面！

就这样，驴子将大家铲倒在它身上的泥土全数抖落在井底，然后再站上去。很快地，这只驴子便得意地上升到井口，然后在众人惊讶的表情中快步地跑开了！

把我们的困难都抖落，让它成为我们前进的力量，而不是阻碍我们成功的绊脚石。我们每一个人都追求事业上的成功，而要追求事业上的成功，就必须勇敢地面对困难，不要被困难吓倒，把困难放到自己的脚下。

越是从困难中走出来的成功者，他的成功越是持久。那些随随便便就获得成功的人，我们会发现他们失败也来得很快。为此，我们要学会在艰难中迅速成长，当我们有了对付困难的武器，试问还有什么能够阻挡我们前进的力量？

做事就要学会把困难踩在脚下，让困难成为我们成功的阶梯，不要永远把困难当成压力，而要将它不断地转化为动力。

打倒了立即站起来

人从事某项事业，难免不会被失败打倒。但是这没任何关系，关键是看我们将做怎么样的选择。如果我们不再爬起来，我们也许不会再被打倒，但是我们也永远失去了爬起来的力量。如果爬起来，我们可能还会被打倒，但那又有什么关系呢？我们还可以爬起来，再打倒再爬起来，这样总有一天我们会成功的。很多人被打倒了会有些退缩，这不是成功者的价值取向。真正的成功者就是打倒了就立即爬起来。

一位父亲很为孩子的懦弱而苦恼。因为他的儿子已经十五六岁了，可是一点男子气概都没有。于是父亲去拜访一位禅师，请求他训练自己的孩子。禅师答应了，但是要求给他三个月的时间，三个月后父亲才能来接孩子。三个月后，禅师安排孩子和一个空手道教练进行一场比赛，以展示这3个月的训练成果。教练一出手，孩子便应声倒地，但他立即站起来继续迎接挑战，但马上又被打倒，他就又站起来……禅师说："正是这种打倒但仍然能够站起来的勇气才是男子汉的气概。"

打倒了就立即爬起来，这是事业获得成功的关键。我们没有时间倒在地上痛哭流泪，没有时间去抱怨为何对自己如此不公平。如果我们有那个时间，为什么不瞬间站起来，即便再被打倒，也比倒在地上痛苦要多站起来一次，那就意味着多一次机会。机会不就是在不断试错中获得的吗？那些在事业追求的过程中受到一点挫折就垂头丧气的人，永远不可能达到事业的顶峰，原因就在于他们没有正确地认识挫折。挫折是上天给予成功者最珍贵的礼物，从挫折中成长起来的人是坚强的、勇敢的和可以持续取得成功的。

做事，我们就要抛弃懦弱，一旦被挫折打倒，我们就要立即站起来，去争取成功。我们只要多站起来一次，我们成功的可能性就会更大一些。当我们真的做到这一点的时候，我们会发现，困难也开始向我们低头了。

蜗牛也能爬上塔尖

我们是否羡慕聪明人能够很快获得成功？好像他们不用怎样努力，就赢得了荣誉和财富。但是我们绝大多数人不是那种聪明人，如果单纯羡慕别人的成功，模仿他们的行为，我们不但不会获得成功，而且会一败涂地。但是这世界上并非只有聪明人能够成功，而且事实上，真正获得成功的绝大多数是那种并不聪明的人。很多人或许认为笨人不可能获得成功，而生活中恰恰是有一大批笨人通过不懈的努力获得了成功。

据说，世界上只有两种动物能够到达金字塔的塔尖。一种是老鹰，它可以飞上去；一种是蜗牛，它可以慢慢爬上去。老鹰和蜗牛，我们可能怎么样都不会把他们联系在一起。他们显得那样不同：老鹰矫健、敏捷，一副强者的姿态；而蜗牛弱小、迟钝，身上还背着一个重重的壳。蜗牛怎么可能爬上塔尖呢？

但是事实确实如此，蜗牛就是能够爬上塔尖。只不过和鹰不一样，蜗牛爬上塔尖的道路主要是依靠它永不停息的执着。而它之所以能够做到如此执着，这说来还得归功于它那厚重的壳。蜗牛的壳，非常坚硬，它保护着蜗牛。据说，有一次，有人看不过去，硬是帮蜗牛把壳摘了下来，好让蜗牛轻装上阵，结果呢，蜗牛不但没有爬上塔尖，反而很快就死了。正是因为厚重的壳。让蜗牛得以到达金字塔的塔尖，蜗牛的壳是它成功登顶的必备条件。然而，可惜的是，生活中绝大多数人都只羡慕老鹰的翅膀，而很少在意蜗牛的壳。但是他们永远也长不出老鹰的翅膀。

对于我们大多数人来说，我们不是老鹰。要想获得成功，我们必须付出艰辛和努力，甚至是别人的好几倍。但是我们不是在做无用功，我们是一步一步坚定地往上爬，只要我们有足够的毅力，我们一定能爬上塔尖，就像蜗牛一样。当我们做不了老鹰的时候，我们应该庆幸，上天给我们做蜗牛的机会，给了我们持续成功的机会。

做事就不要害怕艰难，把艰难当成自己前进的动力，坚定不移地朝着成功的方向前进，总有一天，我们一定会到达事业的终点，进而获得让所有人仰视的高度。

命运掌握在自己手中

上天从来不曾安排我们的命运，一个人的命运归根到底是掌握在自己的手中。我们要成为自己命运的主宰者，而不要把自己的命运抛给别人，甚至抛给所谓的生活。一个随波逐流的人，永远很难得到成功的垂青，永远很难让自己的命运更有价值。很多人往往很少思考命运的问题。但是不管思考不思考，一个不争的事实就是命运掌握在自己的手中。

一个村庄住着一位睿智的老人，村里的居民遇到疑难问题都来向他请教。有一天聪明又调皮的孩子，想了一个办法来故意刁难这个老人。他捉了一只小鸟，抓在掌中，然后跑来问这个老人："老爷爷，听说您是最有智慧的人，但是我不认为您是。如果您能猜出我手中的这只鸟的死活，我就相信您的智慧。"

老人看了看孩子狡黠的眼睛，他已经明白了孩子的想法。如果他回答小鸟是活的，这个小孩会暗中加劲把这只鸟掐死；如果他回答是死的，小孩就会立即张开双手让小鸟飞走。老人这个时候拍着小孩的肩膀笑着说："这只小鸟的死活，不是我猜出来的，而是全看你了！"

其实我们每一个人的命运就像自己掌中的小鸟一样，关键都是看自己。我们想让命运过得多姿多彩，那么我们的命运就是活的；如果我们对生活感到失望甚至绝望，那么我们的命运就是死的。当我们认为生活多姿多彩的时候，我们会有热情和力量去抓住机会，而当我们感到失望和绝望的时候，哪怕机会在我们身边停留了很长时间，我们也懒得伸手。

每一个人的命运都是自己掌握的，任何人都不能代替我们做选择。为此我们一定要有独立的思考，我们一定要抓住命运的美好。我们要有一种勇敢的力量，我们要学会去抓住生活的机会，我们要追求事业的成功，我们要重视自己人生的丰富。我们不要做蝇营狗苟的人，那已经意味着人生的提前结束；我们也不要去患得患失，那样我们永远走不出人生的大格局。我们要做成功的人，我们就必须明确我们的命运就在我们手中，不等不靠，坚强坚定。

做事，就要学会掌握自己的命运，不要奢望别人为我们掌握命运，我们要勇敢地承担起我们的命运，追求我们事业的成功。

第七章　用最专注的心做好每一件事

做事就要积极应对事业中遇到的困难，用心做好每一件事情。

用心思考价值

面对事业，有的人或许认为生不逢时。其实我们不需要慨叹，生活中到处充满着机会。很多时候我们不成功，不是因为没有机会，而是我们没有发现机会的眼光。而之所以没有发现机会的眼光，从根本来看，是因为我们习惯了生活的常态，没有用心去思考事物的价值。很多人往往只会埋头做事，甚至将这种"绝对化"当成一种品质。事实上，正是因为这种埋头做事，他们不知道丧失了多少机会。

广东有家橘子罐头厂，过去生产罐头只取橘肉，而将橘皮视为废物扔掉。有一天，厂长在集贸市场上发现，鱼头比鱼身贵，鸡翅比鸡肉贵，且销路很好，颇受启发。他想到本厂扔掉的橘子皮为何不能充分开发，变废为宝？

回来后，便广泛收集资料，请教专家，了解到橘子皮含有丰富的抗老化维生素 E；其挥发油有促进胃蠕动和排痰的功能；橘皮橘络含有大量食物纤维，有防便秘、防肠癌、理气消滞等功效。他立刻作出决策，聘请专家，组织人力，很快研制生产出"珍珠陈皮"，每公斤卖到 50 元，是橘子价格的几十倍。

我们要从生活的惯性中摆脱出来，我们要思考事物的本来价值。很多时候，当你重新思考事物价值的时候，你会有不一样的收获，而这种生活很可能引导你获得了另外一种成功。通过打破生活惯性而获得成功的人比比皆是。如果人们都习惯了爬楼梯，那么电梯就不可能发明；如果人们都习惯于面谈，那么电话也不会发明。正是生活中各种各样常态的打破，我们才发现了新的价值。

我们追求事业的成功，就一定要学会用心去思考，思考生活中最本质的价值。我们要像"庖丁解牛"一样分析我们的事业，通过这样一种分析，我们会发现自己的事业特别有规律，未来的发展战略一目了然；我们就知道该做什么，不该做什么，而不是回复到原有的惯性中去。

做事，就一定要用心思考价值，只有当我们用心思考价值，我们才能够在不经意中发现很多很好的机会，最后成就一番伟大的事业。

悬念往往吸引注意

人都是充满好奇的，悬念往往能吸引人们的注意。我们在做事的过程中，为了让事情本身充满乐趣和被人理解，我们不妨设置一些悬念，这样事情往往容易成功。很多人往往认为设置悬念是欺骗别人，事实上生活中正是充满悬念的事物才激起了人们无限的热情。为什么我们不能有一种智慧去激起别人的热情呢？

《费加罗报》爆出一大新闻。整个版面几乎全都是空白，版面中央只印着一个小红点，外加"HRC"三个字母。读者不知道"HRC"究竟为何怪物。于是，无数读者纷纷打电话或去信质问编辑先生，报纸印刷为何出现了故障？更让人莫名其妙的是，这种现象连续出现了好几天。

一周后，该报的整版刊登出了"HRC"广告。原来，"HRC"是一种新型手表的牌子，红点是手表中央的红色日历，即是这种手表的商标。众皆哗然。

紧接着，厂家对"HRC"手表展开强大的广告攻势。报纸、杂志、电视、公路牌、霓虹灯等都成了"HRC"手表的宣传媒体。

大众虽然埋怨此事有点过火，但在声声埋怨中便记住了这种手表，由于这种手表款式新颖、性能优良，很快就为大众所接受。

有时候我们的事业显得没有乐趣，让同行的人觉得索然无味。我们的事业应当有一些悬念，这样才充满乐趣，才有持续的动力。

事业所存在的风险和不确定性，本身就是悬念，是最能引人入胜的地方。我们不要总是负面来看风险，适当的风险会让事业更加具有吸引力和挑战性，这样可以吸引到更优秀的人才。我们要学会让我们同行的人有风险意识，但这种意识绝对不是一味规避风险的意识，而是将风险作为一种悬念和乐趣的意识。只有这样，我们的事业才能在风险中获得持续的发展。

做事就应当有悬念的意识，我们要善于把风险当成悬念，由此来让我们的事业异趣横生。我们不害怕风险，但是我们害怕索然无味。有了这种心境，事业何愁不成功呢？

借鉴别人，使自己少走弯路

我们做事业，要善于借鉴别人。成功在某种程度上是相通的。我们要善于借鉴别人成功的经验，同时吸取别人失败的教训。我们不是完人，做事业不可能完美无缺、一帆风顺，不能保证事业一定成功，但是我们可以通过不断地努力来提高成功的可能性，为此我们需要不断借鉴别人的经验，避免自己犯错误。很多人往往不懂得借鉴别人的经验，吸取别人的教训，结果他们一次次地摔倒在别人曾经摔倒过的地方。

公元 1500 年，意大利佛罗伦萨采掘到一块质地精美的大型大理石，它的自然外观很适于雕刻一个人像。这块大理石在那里放了很久，没有人敢于动手。后来来了一位雕刻家，但他只在后面打了一凿，就感到自己无力驾驭这块宝贵的材料而住手了。

后来大雕刻家米开朗琪罗用这块大理石雕出了旷古无双的杰作大卫像。没想到先前那位雕刻家的一凿打重了，伤及了人像肌体，竟在大卫的背上留下了一点伤痕。

有人问米开朗琪罗："那位雕刻家是否太冒失？"

"不，"米开朗琪罗说："那位先生相当慎重，如果他冒失轻率的话，这块材料早已不存在了，我的大卫像也就无从产生。这点伤痕对我未尝没有好处，因为它无时无刻不在提醒我，每下一刀一凿都不能有丝毫的疏忽，在我雕刻大卫的过程中，那位老师自始至终都在我的身边帮我提高警惕。"

我们要借鉴别人，很多时候不是借鉴他们成功的荣誉或者失败后的失落，而更多的是借鉴他们做事情的思路和方法。尽管从事的事业可能千差万别，但是做事的思路和方法在很多时候是相通的。我们不要盲目自大，总认为自己的方法是最好的。实际上，很多时候我们所采用的方法远远比不上前人。

在借鉴别人的同时，我们要善于分析环境，通过环境分析来判断别人的思路和方法的适用性，不是生搬硬套、囫囵吞枣。

做事，就要学会不断借鉴别人，让自己少走弯路。当然人生有些弯路是必须走的，但是有些弯路是完全可以避免的。我们要做成一番事业，不仅要有走弯路的思想准备，而且也要节省某些弯路，全面提升效率。

争取每天都有进步

事业有成并不是一件很难的事情，也并不是一个从天而降的奇迹。很多事业它都是水滴石穿、水到渠成的过程。所以当我们感觉到事业无望的时候，我们不要认为自己怀才不遇，而要反问一下自己，是否真的天天都在进步？如果我们真的天天都在事业上取得进步，我们的事业怎么可能实现不了呢？很多人遇到这种情况，往往会怨天尤人。事实上，怨天尤人无非是为自己没有进步找一个借口，真正勇敢和有力量的人怎么会需要借口呢？

恺撒领军出征，每每获胜必以酒肉金银犒赏三军。随行的亲兵仗着酒胆，问恺撒："这些年来，我跟着您征战沙场，出生入死，历经战役无数。同期入伍的兄弟，做官的做官，做将的做将，为什么直到现在我还是小兵一个呢？"

恺撒指着身边一头驴，说："这些年来，这头驴也跟着我征战沙场，出生入死，历经战役无数。为什么直到现在它还是一头驴呢？"

好多人都会问同样的问题：为什么近几年忙来忙去总感觉自己还在原地踏步？为什么那些原来并不出色的家伙却能春风得意？还要多久我才能扬眉吐气呢？

恺撒在两千多年前就给出了答案——问题不是你做了多久，而是你有没有在进步。

我们要每天不断地进步，哪怕每天进步一点点，等到天长日久以后，我们的成绩也将是个奇迹。最害怕的是我们不追求每天的进步，而整天奢望着有一天一步登天、一劳永逸。越是这样想的人，最后越不可能成功，而自己所说的理想和事业，最后无非都是自欺欺人的笑话。

我们追求每天的进步，我们就必须回到生活的常态中来，在生活的常态中不断地积累，让自己获得提高。

做事，就要坚持每天都要进步，不要三天打鱼，两天晒网，最后落得一事无成，这不是我们事业的结果，也不是我们想看到的。

专注投入地做好一件事

贪多嚼不烂，真正会读书的人都明白这个道理。做事业也一样，当我们想着什么都做的时候，最后的结果往往是我们什么都做不了。为此我们一定要将自己的全部精力和精神用于一件事情上，把一件事情先做好，然后再做其他的事情。很多人或许认为有些事情一起发生的，没有办法厚此薄彼。但是，人一心不能二用，必须有先后。事实上，对所要做的事情排个轻重缓急是解决这一矛盾的最好办法。

从前，有一只贪狗经常到寺院里去寻食物。当地有两座寺院，一座在河水的东岸，另一座在河水的西岸。贪狗听到东岸寺院僧人开饭的钟声，便去东岸寺院去讨食；听到西岸寺院僧人开饭的钟声，又去西岸寺院去讨食。

后来，两座寺院同时鸣钟开饭，贪狗渡河去讨食，当向西游去时，唯恐东岸寺院的饭食比西岸寺院的好；向东游去时，又怕西岸寺院的饭食比东岸寺院的好。它一会儿向西游去，一会儿又向东游去，最后浑身无力，活活地淹死在河水中。

我们要善于给事情排个顺序，然后先做最重要最紧急的事情，其次做紧急而不重要的事情，然后做重要而不紧急的事情，最后做不紧急也不重要的事情。这样整个事情的流程就通畅了。很多时候，我们之所以排不出这样的秩序，不是因为我们的能力问题，而是因为我们根本没有这样去思考。我们总是把事情看成一团乱麻，整天忙得团团转，但是什么事情都没做好。

当我们选定了一件事情之后，我们就要专心致志地做它。如果我们此时还三心二意的话，我们就应该考虑我们的顺序是否排错了。一旦排定了顺序，我们就不要轻易做修改，否则又会回到最初的一团乱麻的状态之中。

只有当我们专注投入做一件事情的时候，我们的效率才有可能最大限度地发挥，我们的事情才有可能圆满地完成。

做事，就要给事情排个轻重缓急的顺序，然后集中所有的精力和时间一件一件事情地解决，专心投入做好每一件事情。

不要总是羡慕别人

做事业的最终归宿是成为自己，而不是成为别人。但是很多人做事业忘记了自己，一味地想成为别人。别人往往是已经成功的人，这些人之所以有成就和他们所处的环境有密切关系。现在我们的环境已经发生了改变，如果我们还一味地想成为别人，显然是刻舟求剑。不仅如此，想成为别人不会产生永久的动力，而只有成为自己才能够让事业越来越精彩。很多人往往把眼光盯向别人，从别人那里寻找经验和借鉴。他们从来没有关注自己，从内心中挖掘事业成功的力量源泉。为此，他们最后顶多有一点小成功，根本谈不上事业。

一只老鼠走遍天涯海角，打算去寻找世上最伟大的东西。有一天，它突然发现：世上最伟大的东西，不正是它日日见到的"天"吗？

于是它去找天。

天告诉它：云比天伟大，因为只要云来了，天就被遮住了。

老鼠就跑去找云。

云告诉它：风最伟大，只要风一吹，云就被吹跑了。

老鼠再跑去找风。

风告诉它：墙最强大了，风一吹到墙那里，就被挡住而消失了。

老鼠再跑去找墙。

墙告诉它：老鼠最厉害了，老鼠一来，墙就千疮百孔，摇摇欲坠。

老鼠这才恍然大悟：天生我材必有用，世上并没有绝对伟大的东西。

我们不要总去羡慕别人，总幻想着去成为别人。每一个人都有自己的优点和缺点，都有不同层次的成功和梦想。那些幻想成为别人的人，往往一生都奔波在成为别人的路上，最后也没有成为别人。我们为何不能做自己呢？只有自己才明白自己最需要什么，也只有自己才能够产生持续的动力。

当然，不去羡慕别人并不是说不拿别人当榜样，我们可以拿别人当榜样，但是当榜样的目的在于不断激励自己，最终我们还是要成为自己，而不是别人。或许有的人认为成为别人是件很容易的事情，毕竟有了先例。但事实上，真正通过成为别人而获得大成功的人几乎没有，而正是那些想成为自己的人，取得了一个又一个的成就。

做事，就要学会成为自己，而不是别人，不要总是去羡慕别人。

把自己想象成天才，把事情看成伟大

在成就事业的过程中，我们必须有想象空间，甚至在很多时候，我们必须把自己想象成为天才，把普通的事情看成伟大。只有这样，我们才能调动全身的潜能把自己这个本来普普通通的人变成一个真正的强者，而把简简单单的事情做到日臻完美。很多人永远都不会这样去做事情，为此他们的成就总显得那样平淡无奇。

哈佛大学的一位教授主持了一个有趣的实验，实验对象是三群学生与三群老鼠。

他对第一群学生说："你们很幸运，你们将和天才小白鼠在一起。这些小白鼠相当聪明，它们会到达迷宫的终点，并且吃许多干酪，所以要多买一些喂它们。"

他告诉第二群学生说："你们的小白鼠只是普通的小白鼠，不太聪明。它们最后还是会到达迷宫的终点的，并且吃了一些干酪，但是不要对它们期望太大，它们的能力与智能都很普通。"

他告诉第三群学生说："这些小白鼠是真正的笨蛋。如果它们能找到迷宫的终点，那真是意外。它们的表现或许很差，我想你们甚至不必买干酪，只要在迷宫终点画上干酪就行了。"

以后6个星期，学生们都在精心地进行实验。天才小白鼠就像天才人物一样地行事，它们很快就到达了迷宫的终点。一群"普通小白鼠"那里得到什么结果呢？它们也会到达终点，但是在这个过程中并没有写下任何速度记录。至于那些愚蠢的小白鼠，那更不用说了，它们都有真正的困难，只有一只最后找到迷宫的终点，那可以说是一个明显的意外。

有趣的事情是，根本没有所谓的天才小白鼠和愚蠢小白鼠之分，它们都是同一窝小白鼠中的普通小白鼠。这些小白鼠的成绩之所以不同，是参加的学生态度不同而产生的直接结果。简而言之，学生们因为听说小白鼠不同而采取了不同的态度，而不同的态度导致不同的结果。

学生们并不懂得小白鼠的语言，但是小白鼠懂得态度，因而态度就是语言。

我们要有持续激励自己的态度，对自己千万不要太客观，一定要有持续的想象空间，要用发展的、动态的眼光来看待自己。从我们出生的那一刻开始，我们每一个人都是天生的成功者，为此，我们没有理由在未来的日子里对自己产生任何怀疑。

做事就要学会把自己和事情都想象成为伟大。通过伟大的事情来不断刺激伟大的自己，到最后我们或许真的能变成伟大的人。

人一次只能做一件事

人一次只能做一件事情，做事情的过程中不必过于紧张，哪怕有天大的难度，我们都要学会有所放松。因为事情无非有两个结果：成功或者失败。当你过于紧张的时候，失败的可能性会更高。为此我们要合理安排自己的事情，哪怕自己是个超人，但一次也只能从容地做一件事情。很多人往往很多事情齐头并进，而且在过程中过于患得患失，结果通常以失败告终。

第二次世界大战时期，米诺肩负着沉重的任务，每天花很长的时间在收发室里，努力整理在战争中死伤和失踪者的最新记录。

源源不绝的情报，收发室的人员必须分秒必争地处理，一丁点的小错误都可能会造成难以弥补的后果。米诺的心始终悬在半空中，小心翼翼地避免出任何差错。

在压力和疲劳的袭击之下，米诺患了结肠痉挛症。身体上的病痛使他忧心忡忡，他担心自己从此一蹶不振，又担心是否能撑到战争结束，活着回去见他的家人。

在身体和心理的双重煎熬下，米诺整个人瘦了34磅。他想自己就要垮了，已经不奢望会有痊愈的一天。

身心交相煎熬，米诺终于不支倒地，住进医院。

军医了解他的状况后，语重心长地对他说："米诺，你身体上的疾病没什么大不了，真正的问题是出在你的心里。我希望你把自己的生命想象成一个沙漏，在沙漏的上半部，有成千上万的沙子，它们在流过中间那条细缝时，都是平均而且缓慢的，除了弄坏它，你跟我都没办法让很多沙粒同时通过那条窄缝。人也是一样，每一个人都像是一个沙漏，每天都是一大堆的工作等着去做，但是我们必须一次一件慢慢来，否则我们的精神绝对承受不了。"

医生的忠告给米诺很大的启发，从那天起，他就一直奉行着这种"沙漏哲学"，即使问题如成千上万的沙子般涌到面前，米诺也能沉着应对，不再杞人忧天。

他反复告诫自己说："一次只流过一粒沙子，一次只做一件工作。"

没过多久，米诺的身体便恢复正常了，从此，他也学会如何从容不迫地面对自己的工作。

人没有一万只手，不能把所有事情一次解决，那么又何必一次为那么多事情而烦恼呢？

做事就要学会一次只做一件事情，把这件事情做好，然后是下一件，不要总幻想着很多事情齐头并进。

你得勇敢地迈出第一步

做事业无论如何都有第一步。不论第一步多么艰难，我们都要迈出。如果我们连第一步都迈不出去，我们却和别人侈谈什么事业，那是多么的滑稽和可笑。第一步对于我们事业来说很重要，它是奠定基础的第一步，为此我们一定要勇敢而且稳重。很多人往往意识不到第一步的重要性，为此他们显得格外轻率。但只有那些成功者才对第一步看得如此之重，事业成功后依然念念不忘。

美国的斯通在童年时代是个穷人的孩子，他与母亲相依为命。在小斯通10多岁时，推销保险成为母子俩的职业。斯通始终清醒地记得他第一次推销保险时的情形——他的母亲指导他去一栋大楼，从头到尾向他交代了一遍。但是他犯怵了。

他站在那栋大楼外的人行道上，一面发抖，一面默默念着自己信奉的座右铭："如果你做了，没有损失，还可能有大收获，那就下手去做。""马上就做！"

于是他做了。

他走进大楼，他很害怕会被踢出来。

但他没有被踢出来，每一间办公室，他都去了。他脑海里一直想着那句话："马上就做！"走出一间办公室，更担心到下一间会碰到钉子。不过，他还是毫不犹豫地强迫自己走进下一间办公室。

这次推销成功，他找到了一个秘诀，那就是：立刻冲进下一间办公室，这样才没有时间感到害怕和犹豫。

那天，只有两个人向他买了保险。以推销数量来说，他是失败的，但在了解自己和推销术方面，他的收获是不小的。

第二天，他卖出了4份保险。第三天，6份。他的事业开始了。

我们要勇敢地迈出第一步，任何事情都有第一步。通过第一步的成功，我们的整个事业会进入一种良性发展的轨道，我们可以事半功倍地推动它不断向前。为了实现我们第一步的成功，我们就不要给自己找很多的理由，我们只需要马上去做。很多时候，我们没有时间去思前想后，畏葸不前，我们要通过我们的行动来不断地迈出我们的第一步。

做事就要勇敢地迈出第一步，哪怕它很笨拙，没关系，我们的勇敢才是我们未来事业成功的源泉。

方向对了，耐心和坚韧就成了成功的关键

很多人做事业有一个很大的毛病，就是事业走到一个路口，他们往往发现了更好的机遇，于是去追逐那些机遇，结果偏离了自己事业的方向，最终一事无成。为此，我们必须强调，当我们确定方向没错的时候，我们就不要再纠缠方向的问题，我们应该把重点放到我们的耐心和坚韧上。很多人或许会将重点放到方向上，他们认为选择比努力重要。确实很多时候选择比努力重要，但是一个伟大的事业绝对不仅仅是一个选择的问题。它必须有耐心和坚韧作为有力支撑。

一位商界女杰因病即将离开人世，她年轻的女儿成了她公司的唯一继承人。没有任何经营和管理经验的女儿哭得一塌糊涂，她对母亲说："您的公司可能要毁在我手里了！"母亲听了笑了笑，从枕头下面取出一支崭新的口红，说："只要你能把它完整地使完，不要剩下一点儿，公司就毁不掉！"在女儿不解的神情中，母亲走向了天堂。事后，女儿开始使用这支口红。从前，她用过许多支口红，总是没有使到最后，就被她不耐烦地扔掉了，又买了新的。她是一个没有耐心的人，她自己知道，母亲更知道。然而这一回，她却听了

母亲的话，坚持使这支口红。渐渐地，能拧出来的口红都使完了，只剩下管儿里拧不出来的口红。她买来一支口红刷，蘸着管儿里的红继续使——尽管她感觉麻烦透了。

最后，她真的完整地使完了这支口红，没有剩下一点红。她举着口红的空管儿，心里却非常欣慰——原来，她也可以有耐心，她也可以坚持把一件事情做到底。忽然，她明白了母亲的用意，母亲是在用琐事培养她的成功者的品质，那就是：耐心和坚韧！

几年过去了，母亲的公司不但没有毁在她手里，反而被她经营和管理得比以前还要红红火火。她用耐心和坚韧战胜了一切困难，她成功了！

做事业一定要有耐心，而且必须坚韧，只有这样，我们才能拥有更多的成功机会。人和人在智力上的差距并不远，但是在耐心和坚韧这类品质上的差距却相差十万八千里，于是产生了极其成功的人和一败涂地的人。

做事就要学会培养自己的耐心和坚韧，通过耐心和坚韧，我们来持续获得成功，不要将目光永远停留在选择上。

永远保持一颗年轻的心

现代社会的年轻，更多的不是通过年龄来判断，而是通过心理状态来判断。我们想成就一番事业，就必须永远保持一颗年轻的心，只有这样我们才能做到开放、善于学习、富于创新，最后推动事业成功。很多人往往事业做到一半或者遇到挫折的时候，感觉自己明显老了，结果他们放弃了成功。

肯德基是世界最大的炸鸡快餐连锁企业，肯德基的标记 KFC 是英文 KentuckyFriedChicken（肯德基炸鸡）的缩写，它已在全球范围内成为有口皆碑的著名品牌。山德士上校一身西装，满头白发及山羊胡子的形象，已成为肯德基国际品牌的最佳象征。

1930 年，当时 46 岁的哈兰·山德士在家乡美国肯塔基州经营 Corbin 加油站时，为了增加营业收入，他开始自己制作各式小吃，提供给路过的旅客。因为他烹煮美食可口，这些美食吸引着过往的旅客，生意很火爆。在声誉日增的同时，当时的肯塔基州长 RubyLaffon 于 1935 年授予他为肯德基上校，以表彰他对肯塔基州餐饮的贡献。

但 20 世纪 50 年代中期，肯德基上校的事业却面临了一个危机，他的 SandersCafe 餐厅所在地旁的道路将被新建的高速公路所通过，使得他不得不售出这个餐厅。而这反而成了他事业的转机。

当时的上校已 66 岁。但他自觉尚年轻，人老心不老，他不想让自己靠社会福利金过日子。于是，上校用他那 1946 年出品的福特老车，载着他的 11 种香料配方及他的得力助手——压力锅开始上路。他到印第安州、俄亥俄州及肯塔基州各地的餐厅，将炸鸡的配方及方法出售给有兴趣的餐厅。

1952 年设立在盐湖城的首家被授权经营的肯德基餐厅建立。尤其令人赞叹的是在短短 5 年内，上校在美国及加拿大已发展有 400 家的连锁店，这也是世界上餐饮加盟特许经营的开始。

上校在 60 多岁的时候，才开始创业，最终成就一番伟业，这是很多年轻人无法与之相提并论的。"人老心不老"让人钦佩和向往，一个健康的人除了身体的健康之外，我们还应保持心理的健康，防止心理衰老。

做事就要求我们永远保持一颗年轻的心，不要把事业当成自己的负担，要勇敢地对待它，最后让它成为我们人生历程上的明珠。

每一次失败都是一个证明

做事业难免会遇到失败，但是不同的是，有的人从失败中变得灰心丧气，有的人则从失败中找到了勇气和智慧。显然前一种人还会遭遇失败，后一种人有可能下一次就成功了。为什么会出现这种情况呢？原因是人们对失败的定义是不一样的。真正勇敢的人从来就不害怕失败，失败了只不过证明自己想的路走不通，但并不代表自己无路可走。很多人往往在失败面前垂头丧气，最后自怨自艾，认为自己是个天生的失败者。其实，并不是这样的，失败并没有说明我们的不行，而正是自怨自艾暴露了我们的缺点。

失败得越多，成功的可能性就越大。磨难本身是个人成长的食粮。全世界著名的发明家爱迪生发明灯泡时，不知道经历了多少次失败，但是他从来没有后悔过。当他用成百上千种材料做灯丝实验失败时，有人问浪费了这么多时间他后不后悔，他说一点都谈不上后悔，他证明了这成百上千种材料是不适合当灯丝的。

我们不要害怕失败，对于我们每一个人的生命来说，失败是我们前进的阶梯，如果我们想成功，我们就必然会踏过它们。只不过是有时候经历得多一些，有时候经历得少一些罢了。失败是最好的一种教训，它能暴露我们的缺点和缺陷，古人能够从谏如流，不正是让别人找缺点吗？这样的人最后成为圣贤或者明君，而我们为什么对待能暴露我们缺点的失败却如此噤若寒蝉呢？

每一个都想成功，但是成功并不能一蹴而就，也几乎不可能一帆风顺。我们可能需要历经一次又一次的失败，才能实现成功。为此，我们需要把失败看成成功道路上的必经阶段。当遭遇失败时，我们要这样想：我们失败了，说明我们还在成功的路上，既然在成功的路上，那这个失败又算得了什么？如果我们失败了，跌倒了，趴在地上不起来了，我们就永远失去了成功，我们被自己给淘汰掉了。那么我们以前所说的理想和事业，现在看来是那么的好笑、滑稽和自欺欺人。

做事，就要不害怕失败，把每一次失败都看成一种证明，不是证明自己不行，而是证明自己应该尝试另外一种方法获得成功。

万事得往好的方向想

很多事情本身没有什么是非对错，只不过是人们看的眼光和当时的心情不一样，所以事情变得"是非"起来。我们要想获得成功，就必须有很好的眼光和愉悦轻松的心情，为此我们要学会万事往好的方向想。通过这种方式，我们让自己更加充满信心和激情，最后获得成功。做事很多的人往往仅凭自己心情的好恶和一知半解来判断事情，所以很多时候都会把事情看得很糟糕，给自己心里压上沉重的石头。

两个秀才在赶考的路上，遇到了一支出殡的队伍。出殡的队伍扛着一口黑乎乎的棺材，一个秀才看了以后，心里一紧，顿时凉了半截，心想："这回完了，赶考的日子居然碰到倒霉的棺材。"于是，心情一落千丈，晕乎乎地走进考场，那个"黑乎乎的棺材"始终在他的脑海里，结果他文思枯竭，最后名落孙山。

另一个秀才刚看到棺材的时候，心里也一紧，但转念一想："棺材，棺材，那不是就是升官又发财吗？好兆头，看样子这次我要鸿运当头，金榜题名了。"结果心里十分愉悦，情绪高涨，走进考场后文思泉涌，一举高中。

回到家里，两个秀才都对家人说："棺材"真的好灵。

其实很多事情都是因为我们的一念间，我们一念间成就了我们自己。为此，我们必须有很好的"一念间"。而要做到这一点，我们就必须万事往好的方向想。我们要把自己想得很有能力、很有魄力，绝对能够成功。我们要有激情，要有愉悦的心情，即使遭遇了失败，我们也要将失败看成成功对我们的考验。即使今天很落魄，我们要想到未来成功后再回想今天，肯定是一种很怀念。为此，我们不要患得患失，不要焦躁不安。既然我们天生是一个成功者，我们只需要努力就行了。任何失败对于我们来说都是激励，任何小成功都是推动我们最后走向大成功。于是在事业的追求中，我们不骄不躁、毫不气馁，最后达到成功的彼岸。

做事业一定要管住自己的意念，不要让意念成为我们的敌人，而要让它成为我们的良师益友。每天早晨起来，我们都充满希望，充满热情，都追求今天进步一点点；每天晚上临近睡觉，我们要善于总结，善于自省，然后准备充分而又充满期待地迎接明天。通过这样一种方式，我们所做的任何事情都是和事业紧密相连的，那么我们何愁不成功呢？

做事，就要学会管理好自己的意念，凡事都要尽量往好的方面去想，不要让意念成为我们的敌人，而要让它成为我们的良师益友。

事业最大的陷阱是选择太多

任何事业都是有陷阱的，这种陷阱不在于事业本身，而在于在追求事业的过程中，我们把控自己的欲望。事业最大的陷阱就是选择太多，我们的欲望又太强，为此很容易出现"歧路亡羊"的事情。因此对于我们每一个人来说，有效地管理好自己的选择是事业成功的根本保障。很多人往往在选择面前患得患失，结果耽搁了青春和精力，最后一事无成。

有选择好，选择越多越好，似乎成了人们生活中的常识。但是最近由美国哥伦比亚大学、斯坦福大学联合进行的研究表明：选项越多，最后反而会造成负面结果。他们做了这样一组实验：让一组被测试者在6种巧克力中选择自己想吃的，另外一组被测试者在 30 种巧克力选择。结果是后一组中明显感觉所选的巧克力不好吃，对自己的选择表示后悔。

做事业有选择固然是好事，选择太多却是一种陷阱。选择太多让我们分散精力和时间，让我们不能持续聚焦。事业的成功并不是表面上的实现，而是持续而深入的专注。如果我们事业成功得太容易，必然会吸引一大批跟随者，最后形成强有力的竞争，导致我们事业失败。为此我们必须有一种专注的精神，而且要持续聚焦，只有这样才能产生穿透力，才能在事业上立于不败之地。

很多时候，我们都把事业想得太简单，我们没有做好持续付出的努力，我们甚至认为我们在做一份事业的同时还可以做其他的许多事情，结果呢？我们的事业做得没有占据有利地位，被别人一举超越，而其他的事情又专注得不够，最后以失败告终。

两鸟在林，不如一鸟在手。我们要牢固地掌握自己已有的事业，要持续地专注，使它立于不败之地。我们不要用浅尝辄止的心态去事业，我们必须有持续推动的能力和精神。我们来看一些曾经很成功的人，他们凭借敢为天下先而做成了一番事业，但是随后他们没有把事业进一步深化，反而去追求其他的成就，最后导致事业的衰败。我们需要引以为鉴，人生来是为一件大事而来，人一生能够把一件事情做到完善就已经相当不错了。千万不要得陇望蜀，最后落得疲于奔命，一事无成。

做事就要学会控制自己的欲望，面对众多的选择，一定要能够克制，不要想着什么都得到，那样的话，什么也都将失去。

第八章　做任何事情要有积极应对的态度

做任何一件事情都不要拘泥于过去的经验和想法，积极应对，随机应变才是应有的态度。

给别人一点余地

每一个人的能力都是有限的，不要把自己想象得完美无缺。与别人合作要善于给别人留一点余地，这样才能够得到别人的认同和支持。很多人往往一心做事情，结果忘记给别人留余地，导致最后事情做成了，却没有了后续的合作。

孙某与刘某同一年毕业于同一所大学，同时被聘为某公司的项目协调员。两人才力相当，业务水平难分高下，不同的是两人的处世态度。

每次讨论刘某设计的项目时，大伙只要提出点什么意见，他总是据理力争，"一二三四五……"，说得别人无言以对。虽然大家都认为他言之有理，但总觉得他有点傲。领导有时极有风度地点拨其项目的某些缺陷，刘某便引经据典找依据，弄得理论水平不高的领导很难堪。

孙某的态度正好相反，对每个人的意见，都做认真的记录，一副洗耳恭听的姿态。特别是领导的指示，他十分重视，有不清楚的地方，便反复讨教。参加孙某的项目讨论会，大家都有畅所欲言的机会，而且大家都乐意将自己的宝贵意见送给他。孙某最后经过修改后的项目书，必定是博采众长，无可挑剔的。

结果呢，孙某每次做出的项目都获采用，而刘某做出的项目却极少被采用。业绩的不同拉开了他俩的差距，最近，孙某升任公司副总经理，而刘某早在两年前跳槽了，至今还是小职员。

我们要善于给别人留一点余地，并不是我们对事情不认真负责，而是让别人感觉到我们很需要他，他是有价值的。我们不要凭借自己的一己好恶去做事情，事情做好了我们看不起别人，事情做砸了我们又埋怨别人，这样很难让别人感受到存在价值，相互之间也很难产生信任。我们要学会留一点余地给别人，不是狡诈，而是注重别人的感受，注重更长远的未来。

做事，就不要什么事情都大包大揽，认为自己无所不能，而应该善于给别人留一点余地，让别人体现出自己的价值。只有别人感受到价值后，他们才会和自己精诚合作。

语言的力量是无穷的

语言是个很神奇的东西，它的力量是无穷的。我们要善于运用语言的力量来发展事业。无论是去说服别人，还是去展示事业，我们都要精心地选择自己的语言。我们不要用太绚烂的话让别人感到做作，我们要用质朴的语言让别人感受到我们的真诚，同时也深入别人的内心，与别人产生共鸣。很多人往往忽略语言的力量，导致很多事情上遭到不必要的麻烦。

在一个寒冷的冬天，一个衣衫褴褛双目失明的老人，忍受着刺骨的寒风，可怜巴巴地跪在一条繁华的街道上行乞。他脏兮兮的脖子上挂着一块木牌，上面写着："自幼失明"。

一天，一位诗人走近老人身旁，他便伸手向诗人乞讨。诗人摸了摸干瘪的口袋，无奈地说："我也很穷，但我可以给你点别的东西。"说完，他从兜里掏出笔，在木牌上写了几个字，返身告别了老人。

从那以后，老人得到了很多人的同情和施舍，可他对此却大惑不解。不久，诗人与老人邂逅。老人问诗人："你那天在我的木牌上写了些什么呀？"诗人笑了笑，捧着老人脖子上的木牌念道："春天就要来了，可我不能见到它。"诗人一抬头，看见老人的眼眶里包含着晶莹的泪水。

我们必须重视语言的力量，通过语言来吸引同行的人。我们要善于掌控自己的语言，语言既是伤害人的刀，也是弥合伤口最好的药。为此我们要学会善言，而不是恶语。我们要在言语中尊重别人，体现别人的价值，而不是利用语言去中伤别人，让别人对我们离心离德，最后让事业失败在内部。

我们要通过精心组织的语言来帮助我们发展事业，与此同时，我们说出去的话必须"掷地有声"、言而有信，这样的话我们才能树立诚信，让更多的人信赖我们。我们不要试图通过语言来改造一个人，这自古就是一件难度很大的事情，但是我们可以做到和他们产生共鸣。

做事就要注重语言的力量，通过语言我们获得更多的认同和帮助，共同推进事业。

不要给选择赋予太多的意义

有些时候，我们太注重精神上的选择，以至于我们给事情添加了太多意义。但事实上很多意义只会让人更加混乱，毫无意义可言。很多人往往在事情的意义上徘徊不前，最后导致一事无成。有些时候，我们不妨放弃我们的心理感受，认认真真地做事情。

当你的母亲、妻子、孩子都掉进水中时，你先去救谁？

不同的人给出不同答案，众说纷纭。心理学家就不同的答案作出深入的分析，说明不同的人潜意识里的重大差异。

一位农民的村庄被洪水冲没，他从水中救出了他的妻子，而孩子和母亲都被冲跑了。事后，大家七嘴八舌，有的说救对了，有的说救错了。

心理学家问农民当时怎么想的。农民说："我什么也没想。洪水来的时候，妻子正好在我身边，我抓住她就往高处游。当我返回时，母亲和孩子都被冲跑了。"

不要赋予事情太多意义，就要求我们不要把别人的做人做事上升到原则的高度。任何人做事情都有自己的理由，我们要学会首先听取别人的理由。

任何人做选择都有他的道理，我们不要把自己的道理强加在别人的身上。

我们要学会从心底去尊重别人，尊重别人的选择，听取别人的意见。我们不要始终按照自己的逻辑去想事情、看问题。一个人要想成事，就不能总是从自己的角度出发，而应该更多地从别人的角度出发，这样就可以减少误会和误解，最后让事业的发展顺利实现。

我们不能用自己的标准套在别人身上，我们要更加注重别人的标准。我们要给予别人充分的自由和信任，我们还要愿意去倾听别人。但是生活中，我们往往过于注重自己的标准和主见，最后的结果是和别人失和。

我们不要赋予事情太多的意义，要学会用一种平常心来对待别人做的事情。我们不要相信自己永远正确，别人应该听自己的。人和人是平等的，我们千万不要强加我们的主张给别人，而更应该注重和别人引起共鸣。

做事就不要赋予事情太多的意义，要让事情就成为事情本身，我们在产生共鸣后共同前进。

别让情绪把机会吓跑

我们每一个人难免会有情绪，情绪好的时候，我们充满热情；情绪不好的时候，我们对人冷淡。这种反复无常、捉摸不定的情绪往往把机会都吓跑了，最后让我们一事无成。很多人管不住自己的情绪，他们往往还认为这是真性情。事实上，我们如果能够善于管理好自己的情绪，我们肯定会收获更多，成就更大。

一位年轻人在岸边钓鱼，坐在他旁边的一位老人也在守望着一根长长的鱼竿。

一段时间过去了，奇怪的是，老人不时地就能钓到一条银光闪闪的鱼，可是年轻人的浮标却没有动静。年轻人疑惑不解地问老人："我们钓鱼的地方相同，您也没有用什么特别的诱饵，为什么我就毫无所获呢？"

老人微笑着说："这就是你们年轻人的通病：浮躁、情绪不稳定，动不动就烦乱不安。我钓鱼的时候，常常达到了浑然忘我的地步，我只是静静地守候，不像你会时不时地动动鱼竿，叹息一两声。我这边的鱼根本就感觉不到我的存在，所以，它们咬我的鱼饵，而你的举动和心态只会把鱼吓走，当然就钓不到鱼了。"

人一定得管住自己的情绪。不要让情绪成为我们与人相处的障碍。只有管得住自己情绪的人，才能对别人产生一种尊重，而正是这种尊重，才赢得别人的信任。那些管不住自己情绪、经常抱怨和发脾气的人，永远给不了别人一个稳定的预期，因此也很难和别人志同道合。

我们不要胡乱地对别人发脾气，即便我们是管理者，我们也没有权利这样去做。很多时候我们做事情会超越事情的本身，从人格的角度去羞辱了别人。这样不仅让我们失去了别人的信任，而且也树立了我们的敌人，因为任何一个人不会弱小到受了侮辱也不懂得去报复的地步。

做事就一定要管住自己的情绪，要从心底尊重人、重视人，不要凭借自己的一己好恶乱发脾气。

不要得意于自己会的东西

自己会什么，并没有什么值得夸耀的，关键是自己不会什么，这个要格外留神。我们做事业，自己会什么是基础，但是自己不会的东西会成为致命伤。为此，我们不要将眼光老盯在基础上，而是要善于将眼光放到我们的致命伤上，这样我们的事业才能不断进步。很多人往往对自己会的东西津津乐道，但是真正阻碍他们进步的正是他们不会的东西。

博士乘船过河，在船上与船夫闲谈。

"你会文学吗？"博士问船夫。

"不会。"船夫答道。

"那么历史呢？"博士又问。

"也不会。"船夫说。

"那么地理、生物、数学呢？你总会其中的一样吧？"

"不，我一样也不会。"

博士于是感叹起来："一无所知的人生啊，将是多么可悲？"

正说着，忽然一阵大风吹来，河中心波涛滚滚，小船危在旦夕。

于是船夫问博士："你会游泳吗？"

博士怔住了："我什么都会，就是不会游泳。"

话还未说完，一个大波浪打来，船翻了，博士和船夫都落入了水中。船夫凭着自己熟练的游泳技术救起了奄奄一息的博士，这时他对博士说："我什么都不会，可是没有我，你现在早已淹死了。"

我们会什么只是代表过去，我们不要沉迷在过去中不能自拔。我们要善于学习，用一种开放的头脑去不断补充自己的能力，从而推动事业的进程。

同时，自己会什么很多时候无关紧要，我们没有什么值得夸耀的。每一个人懂的东西不一样，如果硬要评出高低上下，很多时候就伤了和气。而且每一个人看问题的标准不一样，全面意义的高低上下很难评出。所以我们不要去和别人比较谁更博学，我们要让别人充分发挥所长，最后共同推动事业的完成。

做事，就不要过于沉迷自己所掌握的东西，不要在人前夸耀，而要用持续大量的时间去掌握那些我们还不曾掌握的东西，这是对我们未来事业至关重要的东西，这是一个成功者应当具备的基本素质。

沉默是最有价值的

人生最有价值的不是整天说大道理，或者拼命地灌输观念，给别人洗脑。和别人共同做事业，很多时候，沉默是最有价值的。那些整天大是大非的道理、无限的说教，只会让人疲倦和日益厌烦。很多人往往喜欢一个劲地说话，但是他们没有想过沉默往往是最有价值的。

古时候，有个小国使者到大国来，进贡了三个一模一样的金人，金光灿灿，把皇帝高兴坏了。可是这小国的使者出了一道题目：这三个金人哪个最有价值？皇帝想了许多的办法，请来珠宝匠检查，称重量、看做工，都是一模一样的。怎么办？使者还等着回去汇报呢。泱泱大国，不会连这个小事都不懂吧？最后，有一位退位的老臣说他有办法。皇帝将使者请到大殿，老臣胸有成竹地拿着三根稻草，插入第一个金人的耳朵里，这稻草从另一边耳朵出来了，第二个金人的稻草从嘴巴里直接掉出来，而第三个金人，稻草进去后掉进了肚子。老臣说：第三个金人最有价值！使者默默无语，答案正确。将别人的话"吞"到肚子里的人是最有价值的。

很多时候，我们要学会沉默。沉默是最有价值，也是最有力量的。因为我们沉默，所以我们能够专心致志听取别人的想法，我们能够给予别人一种信任感和尊重感。那些总是对别人絮絮叨叨的人很难赢得别人的尊重，他们也很难静下心来听别人的想法和意见。一个不在乎你想法和意见的人，是很难做到以德报怨的。

因为我们沉默，我们能够听我们心底的声音。这种声音是我们智慧和勇气的源泉。很多时候，我们身边的环境过于浮躁，很难静下心来思考问题，以至于我们不断地重复着老路，甚至重复着低级错误。如果我们能够静下心来，我们往往会发现很多价值和很多新的想法。这些价值和新的想法成为了我们不断前进的智慧源泉。

我们选择沉默，是对自己的尊重，也是对别人的尊重。我们不要做叽叽喳喳叫个不停的麻雀，这根本不是做事业，而是在搅乱自己和别人的心绪。我们要确保自己是个值得被别人尊重的人。

不用担心我们如果不说得彻底明白，别人就不了解我们、不理解我们。事实上很多事情别人已经认同，超过的部分对别人来说只是负担。

做事就要学会沉默，在很多时候我们都要懂得沉默，懂得自我尊重和尊重别人。

别只看见你自己

与人合作做事业，就不能只看到自己，而应该更多地去看别人。一个只看到自己的人，不仅得不到别人的尊重，而且也失去了自我的尊重。我们要善于站在别人的角度考虑问题，要真心诚意地为别人考虑，这样你才能赢得别人的心。在事业艰难的时候，不离不弃；在事业成功的时候，更加团结。很多人往往只看到自己，他们很少在乎别人的感受。

一位傲气十足的大款，去看望一位哲学家。

哲学家将他带到窗前说："向外看，你看到了什么？"

"看到了许多人。"大款说。

哲学家又将他带到一面镜子面前，问道："现在你看到了什么？"

"只看见我自己。"大款回答。

哲学家说："玻璃窗和玻璃镜的区别只在于那一层薄薄的水银，就这点可怜的水银，就叫有的人只看见他自己，而看不到别人。"

我们不要只在乎自己的看法和想法，我们要注意倾听别人的看法和想法。我们要善于从别人的角度出发来看事情，这种看事情的方式不是假装站在别人的立场，然后说自己的事情，而是真心诚意地从别人的角度出发去看待问题。"别人居然会这样看待这件事情？"这种感受对我们做事业本身就是一种促进。

我们不要只在乎自己的感受，我们要注意别人的感受。不要只图自己说话一时痛快，而要考虑别人的承受能力。有的领导者时刻都不忘发泄自己的脾气，最后落得离心离德；有的领导者时刻都不忘证明自己多么英明、预言的事情多么精确，结果被别人笑为自恋。我们做事业，就不能做这样的人。

做事就不能眼光里只有自己，而应该有别人，注重更多的人的看法和意见，照顾他们的感受。

不要懦弱到太在乎别人的看法

对于很多人来说，必须注意照顾别人的感受，尤其是那些特别强势的人。但是对于一些人来说，完全没有必要太在乎别人的看法，尤其是那些懦弱和敏感的人。我们做事业要有一种勇气，这种勇气足以判断我们行为的对和错。很多人有时会太在乎别人的看法，拼命地想改正自己。其实，我们首先心中应该有个标准和力量，这是我们的航向。只有这样，我们才不会像没有航向的船一样，无论遇到什么风都是逆风。

从前，有一个士兵当上了军官，心里甚是欢喜。每当行军时，他总是喜欢走在队伍的后面。

一次在行军过程中，他的敌人取笑他说："你们看，他哪儿像一个军官，倒像一个放牧的。"

军官听后，便走在了队伍的中间，他的敌人又讥讽他说："你们看，他哪儿像个军官，简直是一个十足的胆小鬼，躲到队伍中间去了。"

军官听后，又走到了队伍的最前面，他的敌人又挖苦说："你们瞧，他带兵打仗还没打过一个胜仗，就高傲地走在队伍的最前边，真不害臊！"军官听后，心想：如果什么事都得听别人的话，自己连走路都不会了。从那以后，他想怎么走就怎么走了。

有些时候，我们必须坚持走自己的路，让爱说的人说去吧。我们只有坚持自己的信仰，我们才能达到事业的顶峰。如果我们总是在乎别人的想法，我们永远都不会成功。

我们需要听取别人的意见和看法，但这并不代表我们要无原则、无主见地全盘接受。我们必须有自己的主见，而且要善于坚持自己正确的观点。如果我们缺少主见，我们显然会成为一个懦弱的人。只有懦弱的人才缺少主见。

很多时候，别人提出意见或者看法，他们都有自己的利益和立场，我们必须有明辨是非的能力，不能随波逐流。我们要想获得成功，就必须坚持自己的信仰和立场。

做事，就要有主见，不要过于懦弱，不要对别人的看法和意见不加思考全盘接受，进而否定自己。

不要受困于心中的完美情结

我们每一个人心中都有完美情结，都希望把事情做得尽善尽美。但是很多时候受制于种种条件，我们做不到完美。或者我们为了做到完美而花费的时间和精力，足以让我们做更多的事情，得不偿失。为此，我们一定要克服心中的完美情结，事情做到完善就可以了。很多人往往追求完美，到最后居然忘记了事情本身的意义，而浪费了大量的时间和精力，并且把本来可以得到的东西也放弃掉了。

有个人布置了一个捉火鸡的陷阱，他在一个大箱子的里面和外面撒了玉米，大箱子有一道门，门上系了一根绳子，他抓着绳子的另一端躲起来，只要等到火鸡进入箱子，他就拉扯绳子，把门关上。

一天，有12只火鸡进入箱子里，不巧，一只溜了出来，他想等箱子里有12只火鸡后，就关上门。然而就在他等第12只火鸡的时候，又有两只火鸡跑出来了，他想等箱子里再有11只火鸡，就拉绳子。可是在他等待的时候，又有三只火鸡溜出来了，最后，箱子里一只火鸡也没剩。

当我们心中有完美情结的时候，我们一定要告诫自己，没有人能做到完美，千万别走那样的极端。太完美的东西其实就是不完美的东西。我们要节省更多的时间和精力，去做更多的事情。我们每一个人都能力有限，精力和时间也都有限，我们必须让有限的时间、精力和能力得到最大程度的使用。而追求完美，很多时候都是让我们花费了大量的资源在无关痛痒的细节上。

我们不要有完美情结，就不要对别人过于苛求。自己工作认真负责，经常加班加点，而要别人也跟你一样，很多时候很难的。我们固然可以要求别人在这个时间依然在加班，但是我们永远管不住别人的心，别人更有可能采用一种消极的方式来非暴力不抵抗。

我们不要拿完人的标准来要求我们同行的人，他们不可能完美；我们也不要拿完人的标准来要求自己，我们也做不到完美。我们都是有缺陷的人，为此我们不要因为自己一方面的长处而瞧不起别人，别人或许在我们缺陷的地方很擅长，但他们不会因此而瞧不起我们。

我们不要做一个完美的人，不要追求事业的完美无缺，任何事业都有瑕疵。真正完美无缺的事业是不存在的。为此，我们固然可以坚守自己的一份崇高和原则，但是我们不能用过于严格和崇高的标准来要求我们的事业。

做事就不要苛求完美，要努力克服心中的完美情结。

贪得无厌的人最后什么都得不到

我们追求事业，很多时候要讲究知足。知足者常乐，我们追求有时候固然不是为了常乐，但是也只有知足者才有长久持续的动力。那些对事业、对财富贪得无厌的人，最后往往什么都得不到。很多人应当注重知足，不要过于苛求，不要去走极端。

一个沿街流浪的乞丐每天总在想，假如我手头有 2 万元就好了。一天，这个乞丐无意中发觉了一只跑丢的很可爱的小狗，乞丐发现四周没人，便把狗抱回了他住的窑洞里，拴了起来。

这只狗的主人是本市有名的大富翁。这位富翁丢狗后十分着急，因为这是一只纯正的进口名犬。于是，就在当地电视台发了一则寻狗启事：如有拾到者请速还，付酬金 2 万元。

第二天，乞丐沿街行乞时，看到这则启事，便迫不及待地抱着小狗准备去领那两万元酬金，可当他匆匆忙忙抱着狗又路过贴启事处时，发现启事上的酬金已变成了 3 万元。原来，大富翁寻狗不着，又打电话通知电视台把酬金提高到了 3 万元。

乞丐似乎不相信自己的眼睛，向前走的脚步突然间停了下来，想了想又转身将狗抱回了窑洞，重新拴了起来。

第三天，酬金果然又涨了，第四天又涨了，直到第七天，酬金涨到了让市民都感到惊讶时，乞丐这才跑回窑洞去抱狗。

可想不到的是那只可爱的小狗已被饿死了。乞丐最后还是乞丐。

我们要善于守住我们已有的成果。这些成果是我们持续走向未来的基础和动力。一份事业经过几年的快速发展，往往需要一段时间的调整。调整是为了巩固已有成果，并且不断蓄积力量来获得持续的发展。如果我们做事业不去做相应的调整，只是一味地前进再前进，我们很快就会感到乏力，很容易败下阵来。

我们永远不要做贪得无厌的人，要懂得不断地调整自己，在调整中不断蓄积继续前进的力量。

做事就要引以为戒，不要做贪得无厌的人，更不要把贪得无厌当成一种执着的美德来加以信奉。

积极应对，跳出焦虑

很多时候，事情已经发生，我们就必须积极应对，而不是反复焦虑。焦虑解决不了任何问题，只有积极应对才是问题解决的唯一通道。很多人遇到困难的时候往往会表现焦虑，因为他们感觉自己无能为力。事实上，任何事情都有解决的办法，但焦虑永远解决不了任何事情。

卡耐基在他的书中提到一个石油商人的故事：

我是石油公司的老板，有些运货员偷偷地扣下了给客户的油量而卖给了他人，而我却毫不知情。有一天，来自政府的一个稽查员来找我，告诉我他掌握了我的员工贩卖不法石油的证据，要检举我们。但是，如果我们贿赂他，给他一点钱，他就会放我们一马。我非常不高兴他的行为及态度。一方面我觉得这是那些盗卖石油的员工的问题，与我无关。但另一方面，法律又有规定"公司应该为员工行为负责"。另外，万一案子上了法庭，就会有媒体来炒作此新闻，名声传出去会毁了我们的生意。我焦虑极了，开始生病，三天三夜无法入睡，我到底应该怎么做才好呢？给那个人钱呢，还是不理他，随便他怎么做？

我决定不了，每天担心，于是，我问自己：如果不付钱的话，最坏的后果是什么呢？答案是：我的公司会垮，事业会被毁了，但是我不会被关起来。

然后呢？我也许要找个工作，其实也不坏。有些公司可能乐意雇用我，因为我很懂石油。至此，很有意思的是，我的焦虑开始减轻，然后，我可以开始思考了，我也开始想解决的办法：除了上告或给他金钱之外，有没有其他的路？找律师呀，他可能有更好的点子。

第二天，我就去见了律师。当天晚上我睡了个好觉。隔了几天，我的律师叫我去见地方检察官，并将整个情况告诉他。意外的事情发生了，当我讲完后，那个检察官说，"我知道这件事，那个自称政府稽查员的人是一个通缉犯。"我心中的大石落了下来。这次经历使我永难忘怀。至此，每当我开始焦虑担心的时候，我就用此经验来帮助自己跳出焦虑。

焦虑永远都不是好的习惯，它是人性的弱点，我们要摆脱我们所习惯的焦虑，要用一种勇气和智慧让自己愉悦地取得成就。

做事，就要学会摆脱焦虑。在困难面前，没有焦虑可言，我们只有积极应对，才是解决困难的唯一出路。

有时要忘掉自己的身份

身份，本来就是没有的东西，但是人们在社会交往中，渐渐有了身份。然而，我们发现越是有成就的人，越是想要别人忘记他们的身份，他们表现得那么平易近人，以至于我们愿意跟随着他们去做大事业。很多人永远不会忘记自己的身份，但是在生活中，很多时候我们必须忘记自己的身份。

有一次，罗斯福和一个牧场工人出外打猎，罗斯福看见前面来了一群野鸭，便追过去举起枪来，准备射击。但这时那个工人早已看见在那边树林中还躲着一只狮子，连忙举手示意罗斯福不要动。罗斯福眼看野鸭快要到手，于是对示意不予理睬。结果狮子在树林中听到了响声，便立刻跳了出来，窜到别处去了。等到罗斯福瞧见了，再赶紧把他的枪口移向狮子时，已经来不及射击，而被它逃脱了。

工人立刻瞪着愤怒的眼睛，向他大发脾气，骂他是个傻瓜、冒失鬼，最后说："当我举手示意的时候，就是叫你不要动，你连这点规矩都不懂吗？"

罗斯福对于那顿责骂，竟安然"逆来顺受"，并且从此也毫不怀疑地处处对他服从，好像小学生对待老师一般。他深知在打猎上，工人确实高他一等，因此，对方的指教是不会错的。

一个能够忘记自己身份的人，是一个真诚的人。一个能忘记自己身份的成功者，更是一个有魅力的人。我们不要凭借一个人的身份去决定对这个人的好恶。事实上，很多时候身份代表不了任何东西，在事情面前，谁能把事情做好，谁就是最有价值的。

一起做事业的人们千万不要产生出各种各样的身份来，我们的身份其实只有一个：事业道路上的奔跑者。如果能够让大家树立这样的身份概念，这项事业将最有可能实现。

做事，就要学会忘记自己的身份，要学会用一种开放的心态，来获得别人对我们事业的种种帮助。

很多事情是因为自己不知道

很多事情我们之所以不知道价值，不是因为事情本身没有价值，而是因为我们根本就看不出。为此当我们觉得一个人或者一件事情没有价值的时候，我们一定要反复思考清楚是否是真的没有价值，还是我们的认识边界过于狭窄了。很多人对于自己不知道的事情就认为是错的，没有价值的。正是因为这种心态，他们失去了很多机会。

随着年龄增大，猴小姐视力逐渐衰退了。它的人类朋友告诉它："这个困难很好解决，只要配一副眼镜就成了。"于是，它就到城里去买了好几副眼镜。

有了眼镜，猴小姐却不知道怎么戴。它把眼镜这样那样地摆弄着：一会儿顶在头上，一会儿套在尾巴上，一会儿放在嘴边舔舔，一会儿又放在鼻子下面闻闻，可是无论怎样摆弄，眼镜总是不管用。

"该死！"它嚷道，"我可上当了！下一回看人们还有什么可胡扯的！关于眼镜的种种说法，完全是撒谎！我觉得眼镜根本没有用处。"

猴小姐又急又气，抓起眼镜向墙上摔去。"乒"，碎玻璃片儿四处飞溅。

拥有宝贝的人如果不知道它的价值，就会把宝贝当废物扔掉。

千万不要认为自己不认同的东西就是错的，自己不知道的东西就毫无价值可言。否则，我们的事业会越做越狭窄，因为我们根本就不会取得任何进步。我们要善于接触新鲜事物，要善于采用新的办法，不要受困于自己已经知道的东西，而要善于去学习自己还不知道的东西。

我们要承认自己有很多事情都不知道。即便是很强势的创业者，他也并非什么都知道。每一个人都有自己的缺陷和不足，千万不要因为想赢得别人的尊重，而有意或者无意地把自己装扮成无所不知的人。我们清醒地认识到很多事情我们根本就不知道，很多方面我们根本就不是专家。

做事，就要明确自己的无知和不足，只有这样，我们才能够获得长远的成功。

不要尝试在危险中逃生的快感

我们经常会听到有些人这样津津乐道：当时多么危险，然后我是如何如何做的，最后成功地让所有的人摆脱了危险。人们在潜意识中希望获得从危险中逃生的快感，但是在做事业的过程中，我们一定得克制我们这种情绪，因为它会将事情推向危险的境地。很多人往往不明白自己所处的危险，相反他们根据自己想得到的那种快感，而不断地尝试危险。事实上，事业要实现，根本不需要冒这种危险。

某公司准备以高薪雇用一名轿车司机给董事长开车，经过层层筛选和考试之后，只剩下三名技术最优良的竞争者。主考者问他们说："你们开车能距离悬崖多近而又不至于掉落呢？""二公尺。"第一位很自信地说。"半公尺。"第二位很有把握地说。"我会尽量远离悬崖，愈远愈好。"第三位如此说道。结果这家公司录取了第三位。

做事业固然需要冒险，但是不要人为地制造风险。一份事业要获得成功，本身就已经不容易了。我们还去人为制造风险来一逞心中的快意，其结果很容易将事业做砸。我们要善于以一种平常心做事业，在平常心中不断将事业推上高峰。我们不要试图把事业拯救于危险游戏之中。就好像我们自己玩危险游戏一样，为了追求那种不恰当的刺激，把自己放到一个危险的境地，真正做事业的人不会那样行事。

做事要保持平常和平淡的心，很多时候梦想是一时激情点燃的，但是梦想实现的过程却是平淡的。如果我们不能安于这种平淡，不能够正确看待这种平淡，拼命地想从中寻找到刺激，那么显然我们忘记了做事情的初衷。

做事，就要学会在平淡中做事情，每一个做事业的人都要习惯于那种平淡，而且又持续地坚持，我们事业就有成功的可能。

第九章 懂得冒险，要有创新的意愿和行动

　　做事一定要有冒险的精神，要有冒险的意愿和行动，这是创新的源泉。

谁说白日梦就一定不能实现

都说白日梦不能实现，但是我们发现生活中很多白日梦都实现了。为什么会出现这种反差？原因在于说白日梦不能实现的人往往是凭借自己已有的经验，而这些经验很多时候都是错的。与此同时，能做白日梦的人，他们既然敢做梦，就一定有勇气去实践它。我们在嘲笑别人做白日梦的时候，不知道扼杀了多少天才的想法。很多人往往太脚踏实地，过于注重自己的经验，他们没有持续的想象空间，因此也很难获得大的成功。

戴尔还只是个小学生的时候，有一次他无意中看到报纸上有一则广告："只要通过本考试中心的一个测试，您就能直接获得高中毕业证书。"小戴尔真是欣喜若狂，心想这可是天大的好事，如果省掉那些烦人的课程、傲慢的老师和无休止的考试，就能直接高中毕业，岂不快哉？想到这儿，戴尔几乎笑不拢嘴，马上兴冲冲地拨打了广告中的电话。

考试中心的人果然服务上门了。可等看到接待他们的"客户"居然只是个小毛孩儿时，不禁哭笑不得。

但从此，一个大胆的设想开始在小戴尔心中生根发芽，那就是：为什么不尽可能省掉一些看起来天经地义的中间环节，直接一步到位呢？这并不是痴人说梦，因为凭借着这个念头，戴尔在仅仅 18 岁时就创造了神话般的直销奇迹，并创立了一种划时代的经营模式。

我们欣赏能够做白日梦的人，正是因为他们的白日梦，让很多生活的常态和惯性被打破，于是人们有了改变生活的持续行动，于是我们的生活过得越来越美好。我们自己也必须是一个能做白日梦的人，不是要让自己变得神神叨叨，而是有想象的空间。很多时候，我们陷入困境，就是因为我们缺少想象的空间。

其实能做白日梦的人有一种最可贵的品质，那就是不循常规。人类很多伟大的发明都是这一精神的产物。虽然做白日梦的人很多时候不被我们理解，但是这种不循常规的精神确实值得我们学习的。

做事，就要学会有持续的想象空间，要大胆地去想，哪怕被别人嘲笑为做白日梦，那又有什么关系呢？

要让人们产生创新的意愿

我们要激励别人和我们一起努力，就要学会把我们的事业和别人的利益捆绑在一起。只有事业成为了大家共同的事业和需求，我们的事业才能够持续获得成功。我们要善于激励人们从事创造性的活动，尤其是事业发展之初，我们必须设定一种机制，让别人不仅仅只是执行，还要懂得创造。很多人往往只懂得执行，不懂得创造，其根本在于他们不懂得如何产生出一种创造的机制。

这是发生在第二次世界大战中期的一个真实故事。在战争中扮演了重要角色的美国空军，为了降落伞的安全性问题与降落伞制造商发生了一段纠纷。当时降落伞的安全性能不够，合格率较低。厂商采取了种种措施，使合格率提升到99.9%，但军方要求产品的合格率必须达到100%。厂商认为这是天方夜谭，他们一再强调，任何产品也不可能达到100%合格，除非奇迹出现。99.9%的合格率已经相当优秀了，没有必要再改进。

99.9%的合格率乍看很不错，但对于军方来说，这就意味着每一千个伞兵中，会有一个人的降落伞不合格，他就可能因此在跳伞中送命。后来军方改变了检查产品质量的方法，决定从厂商上周交货的降落伞中随机挑出一个，让厂商负责人装备上身后，亲自从飞机上跳下。这个方法实施后，奇迹出现了：不合格率立刻变成了零。

我们要通过和别人切身利益密切相关来刺激别人产生新的创意，不把事业和别人利益紧密相连的人，很多时候都无法得到别人的真心帮助。我们想成就一番成功的事业，首先应该考虑如何让与我们同行的人获得成功，这是至关重要的。

在成就事业的过程中，我们要让同行的人明白，他们所做的一切不仅是为了事业本身，而且也是为了他们自己。每一个人都是在为自己建造房子，每一天的努力都是在为这个房子添砖加瓦，所以磨洋工磨掉的是自己的青春，弄虚作假最后欺骗的也一定是自己。

做事，就要通过设立一种机制，让人们的切身利益和事业紧密相连，以激励他们持续努力。

种子是用来栽种的

种子是用来栽种的，青春是用来做大事的。每一个人的时间都是上天给我们的恩赐，我们过了这一刻就从此再也没有了这一刻，过了今天从此以后就再也没有了今天，为此我们必须将我们的梦想早早地种下，种到我们时间的土壤里。很多人往往做一天和尚撞一天钟，他们不明白自己要做什么，他们做的事情也确实日复一日、年复一年，毫无新意可言。

一位上了年纪的庄园主，想在三个儿子中选一个接班人，将来继承他的庄园。有一天，老人把三个儿子叫到面前，拿出一些稻粒说："我给你们每人三粒稻种，你们要好好保存，我什么时候向你们要，你们要还给我。"

三个儿子都点头答应了，然后每个人拿着三粒稻种走了。

三年后的一天，老人自知属于自己的时间不多，就把三个儿子叫到面前，让他们拿出保存的三粒稻种。

大儿子把稻种早就弄丢了，他赶紧从仓库里拿出三粒稻子交给父亲。老人一看便知不是自己所给的稻粒，十分生气地把大儿子责骂了一通。

二儿子不慌不忙回家取来一个盒子，那三颗稻粒就放在盒子里，父亲见后表示满意。

最后小儿子说："父亲，我无法送来你原来给我的那三颗稻种了。我回去后找了块田，把稻粒种到田里，当稻子成熟时，我便及时收回，藏到罐子里。第二、第三年也如此。所以您现在要我把它全部弄来，恐怕得要两辆马车去拉了。"

老人听后十分高兴，决定选小儿子为继承人。

种子是用来栽种的，我们每一个人都掌握着事业的种子，我们的梦想就是我们的种子。我们必须把我们的梦想放到时间的土壤里，让它发芽，促它成长，然后开花结果，这样的人生是有意义的，也是无悔的人生。尽管我们最终都难免一死，但是有梦想的人生和没有梦想的人生，实现梦想的人生和没有实现梦想的人生却是有天壤之别。

做事就要学会时刻种下梦想的种子，然后我们关注它成长，最后开花结果，成就不一样的人生。

守旧无异于等死

一个人因循守旧无异于等死。没有创新的力量和行动，我们永远都不会进步，永远都固守着我们所谓的梦想。一个人活着，只要不是运气太差，怎么样都能活下去。但是如果我们想成就一份事业，我们想真正有所作为，就一定不能因循守旧。因为任何事业都有它的存在价值，而任何存在价值都是在不断地变化中。很多人往往习惯于守旧，结果最后把自己守得一日不如一日。

在夏日枯旱的非洲大陆上，一群饥渴的鳄鱼陷身在水源快要断绝的池塘中。较强壮的鳄鱼开始追捕同类来吃。物竞天择、适者生存的一幕幕正在上演。

这时，一只瘦弱勇敢的小鳄鱼却起身离开了快要干涸的水塘，迈向未知的大地。

干旱持续着，池塘中的水愈来愈浑浊、稀少，最强壮的鳄鱼已经吃掉了不少同类，剩下的鳄鱼看来是难逃被吞食的命运。这时不见有别的鳄鱼离开。在它们看来，栖身在混水中等待被吃掉的命运，似乎总比离开、走向完全不知水源在何处更安全些。

池塘终于完全干涸了，唯一剩下的大鳄鱼也难耐饥渴而死去，它到死还守着它残暴的王国。

可是，那只勇敢离开的小鳄鱼，在经过长途跋涉，幸运的它竟然没死在半途上，而在干旱的大地上找到了一处水草丰美的绿洲。

很多人都是在看到前面无路可走的时候，才想到要去改变。为什么我们不能在还有路的时候就改变呢？这样我们永远都不会走到无路可走的地步。事实上，当一个人真的走到无路可走的地步的时候，他已经丧失了改变的勇气和智慧。

我们永远都不要到那种境地，我们要通过自己的努力不断地改变自己，不断地让自己更加适应。要确保自己前面永远有路，我们就必须确定自己始终走在前列，因为整个社会都实行末位淘汰，那些穷途末路的人往往是被淘汰掉了。

做事，就要学会改变，不要到穷途末路的时候才想到绝地反击，我们要有不断改变自己、促使自己不断适应的勇气和行动。

别让自己习惯贫穷

一个人的贫穷往往不是因为一个人的命运，而是因为一个人的习惯。固然生活中有些人从小就很富有，过着富足的生活。但是我们生活中还有更多的人，他们跟我们一样贫穷，但是他们通过了努力，获得了成功。很多人不要让自己习惯于贫穷，不要把命运当成贫穷的借口。我们要摆脱贫穷，就要从摆脱我们的习惯开始。

一个人一直不太得意，就特地跑去请教一个有名的算命师。

算命师左算右算，最后告诉他："你40岁以前一定是既落魄又贫穷，生活很不如意，对不对？"

这个人听了大为惊讶，觉得算命师简直是神仙："大师，你可真厉害，我一直都不顺利，命运很坎坷，再过几天我就40岁了。那40岁以后呢？"他充满了期待，等着算命师的回答。

"40岁以后？40岁以后你依然贫穷。"此人疑惑地问算命师，"为什么？"

"因为你已经习惯了。"算命师说道。

永远都不要习惯于贫穷，贫穷不是生命的归宿。我们生来就是成功者，哪有成功者贫穷的道理？我们要改变我们的贫穷，首先就应该从改变习惯开始。而要改变贫穷的第一个习惯，就是我们太相信命运。

我们不要相信自己的生来穷命，这种说法只不过是人们不想努力的一种借口。我们不要过于相信命运早已经做了安排。我们要相信命运掌握在自己的手中，还需要自己去创造，现在命运如何还是个未知数。

改变贫穷的第二个习惯就是我们总是随波逐流。一个随波逐流的人永远都不会获得很好的机遇，因为他总是过一天算一天，从来没有独立的思考和创见，也不敢去冒险行动，最后他们的命运也就捉襟见肘了。

改变贫穷的第三个习惯就是我们好逸恶劳。好逸恶劳是种恶习，也是很多人贫穷的根本原因。他们可能天天都想着出路，但是他们更想过着安逸的日子，甚至用"富有了也不过还是过安逸日子"为理由来为自己找借口。

做事，就不能习惯于贫穷，我们每一个人生来都是很成功的人，我们有追求财富的能力，通过我们的努力，我们也一定能够拥有财富。

不要盲目地跟着别人

我们做事业就应当有自己的想象空间和行动空间，不能总是盲目地跟着别人。一项事业之所以伟大，它的开创性是必要条件。我们要懂得做创新性的劳动，让我们的事业产生伟大的意义。很多人往往会跟随着别人的行动，好像这样风险最低。实际上这样风险不但没有降低，而且越来越高。原因是习惯于跟随的人永远适应不了环境。

1910年，德国习性学家海因罗特在实验过程中发现一个十分有趣的现象：

刚刚破壳而出的小鹅，会本能地跟在它第一眼看到的自己的母亲后边。但是，如果它第一眼看到的不是自己的母亲，而是其他活动物体，它也会自动地跟随其后。

尤为重要的是，一旦小鹅形成对某个物体的追随反应，它就不可能再对其他物体形成追随反应。用专业术语来说，这种追随反应的形成是不可逆的，而用通俗的语言来说，它只承认第一，无视第二。

这种后来被另一位德国习性学家洛伦兹称为"印刻效应"的现象不仅存在于低等动物里，而且同样存在于人类之中。人类对最初接收的信息和最初接触的人都留有深刻的印象，他们用"首因效应"等概念来表示人类在接受信息时的这种特征。

我们要做事业就必须有创见和创意，甚至要成为第一个创造的人，通过第一个创造，树立事业的高度。而要做到这一点，我们一定要有独立思考的勇气和智慧。

很多人都缺少独立思考的能力，他们往往习惯于盲从，最后他们很难获得成功。他们的生命就像别人事业的跟随，也不能拥有更大的意义。我们为什么要做一个盲从的人呢？为什么我们不能超越呢？

在今天信息爆炸的时代，更需要我们有独立思考的精神，我们要善于独立思考，要有独立的意志。我们不要被海量的信息冲昏了头脑，然后跟随着一个所谓的成功者走了一条不归路。我们做人只能成为自己，不可能成为别人；我们做事业也理所当然也只能成为自己的事业，而不会成为别人的事业。既然如此，我们能盲从吗？

做事，就要抛弃盲从，要勇敢地去独立思考，要不断培育独立思考的智慧。

看到了困难是睿智，超越了困难是勇敢

做事业难免会遇到困难，一个看到困难的人是睿智的人，但是一个超越了困难的人才称得上勇敢。我们做事业既要有智慧，又要有勇气，两者缺一不可。很多人往往两者缺少一样，最后很难将事业做到顶峰。

有一家创业者顾问公司做了一个很有趣的实验：

从一群创业者中召集了 10 个志愿者，首先，让这 10 个人穿过一间很黑暗的房子。在主持人的引导下，这 10 个人都成功地穿了过去。

然后，主持人打开房内的一盏灯。在昏黄的灯光下，志愿者看清了房内的一切，都惊出了一身冷汗。这间房子的地面是一个大水池，水池里有十几条大鳄鱼，水池上方搭着一座窄窄的小木桥，刚才他们就是从小木桥上走过去的。

主持人在问："现在，你们当中还有谁愿意再次穿过这间房子呢？"

没有人回答。过了很久，有3个胆大的站出来。

其中一个小心翼翼地走了过去，速度比第一次慢了许多；另一个颤抖地踏上小木桥，走到一半时，竟然趴在小桥上爬了过去；第三个刚走几步就一下子趴下了，再也不敢向前移动半步。

主持人又打开房内的另外九盏灯，灯光把房里照得如同白昼。这时，志愿者都看见小木桥下方装有一张安全网，只是由于网线颜色极浅，他们根本没有看见。

"现在，谁愿意通过这座小木桥呢？"主持人问道。

这次又有5个人站出来。

"你们为什么不愿意呢？"主持人问剩下的两个人。

"这张安全网牢固吗？"这两个人异口同声地反问。

我们能够看到困难，我们就应该有超越困难的勇气，否则的话，有些时候不看到困难或许对我们来说更好。我们在追求事业的过程中，要懂得把困难踩在脚下，最后助推我们的成功。

做事就要学会发现困难的同时，寻找到解决困难的办法。千万不要只发现困难，但是毫无办法可言，这不是做事业的态度。

过去的失败并不意味着什么

有些人把过去所谓的失败看得太重了，结果他们永远都生长不出超越过去的勇气。其实过去的失败并不能代表什么，顶多能代表我们过去的能力和事情的难度还存在着一定的差距。但随着时间的推移，现在的我们已经不一样了。过去的失败已经毫无意义了，我们为什么还如此闪躲呢？很多人往往把过去的失败看得很重要，甚至堪称是人生最宝贵的财富，由此，他们失去了很多成功的机会。

有人将一只饥饿的鳄鱼和一些小鱼放在水族箱的两端，中间用透明玻璃板隔开。刚开始，鳄鱼毫不犹豫地向小鱼扑过去，它失败了，但它毫不气馁，接着又使劲向小鱼扑过去，不但没有咬到小鱼，反而头部受了重伤。食鱼的欲望促使它发动了第三次、第四次进攻……多次的进攻都失败了，它便失去了信心，就不再进攻了。这个时候再将玻璃挡板拿开，可是鳄鱼仍一动不动，它只是无望地看着那些小鱼在它的眼皮底下悠闲地游来游去，放弃了所有的努力，最后活活地饿死了。

我们不要太在意过去的失败，每一个人都有过去，有过去就难免有失败。如果每一个人都在过去的失败里面不能自拔，那么整个人类就不会有进步。我们固然要在过去的失败中汲取教训，但是这种教训绝对不是我们以后要绕开失败的事情。而是我们要勇敢地面对，要寻找更多更好的办法来挽回失败。

人很多时候不是败在过去的失败之中，而是败在自己的意念之中，把过去看得很重要的人，把过去的失败看得很了不起的人，最终很难获得成功。过去的失败就像阴影一样笼罩着他，让他感觉暗无天日。不仅他的事业很难获得成功，甚至很多时候他的人生也一败涂地。

做事就不要沉湎在过去的失败中不能自拔，过去的失败什么都代表不了。我们的能力与日俱增，困难就日益变小。

你怕我也怕，但一定做得到

任何伟大的事业都存在着风险，不止我们自己担心事业不能实现，跟我们同行的人也一样担心。你怕我也怕，但是我们一定要做到，这是我们做事

167

业的时候对自己的承诺，也是对同行的人的承诺。很多人往往过于担心自己表现不好，事实上别人也同样担心他们自己，既然这样的话，为什么我们不能一起都轻松起来呢？

直升机在高空中盘旋，一群士兵背着跳伞的装备，站在机舱门口，准备进行他们的第一次跳伞。

从高空中向下看，所有的景物似乎都小得不能再小，树木像一根针一样细小，海中的小岛也只有石头般大而已。

从空中跳下去，命运全部只维系在降落伞上的一根绳索上，稍有不慎，人就会像一颗从高处落下的西瓜一样，脑袋开花。这群新兵想到这一点，不由得闭上眼睛，不敢再往下想。

气氛有点沉重，每个人连一句话都不敢多讲，不久，班长用手向站在最前面的新兵示意跳伞的动作，但是他迟迟没有反应。看着这位新兵脸上紧张的神情，班长贴着他的耳朵，大声喊着："你怕吗？"

这位新兵迟疑片刻，看着这一双紧盯着他的眼睛，想到这也许是自己这一生所看到的最后一个画面，于是，他老老实实地点了点头，小声地说："我很害怕。"

"偷偷告诉你，我也很害怕。"班长接着说，"但是，我们一定能完成这次跳伞任务，不是吗？"

听了这句话，新兵的心情豁然开朗，原来连班长也会感到害怕，每个人都会害怕，自己又何必为此而羞愧呢？

新兵深吸一口气，从高空一跃而下，顺利地完成了首次跳伞的任务。他和队友乘着风，缓缓地降落在地面上，成为了一名不折不扣的伞兵。

许多年以后，新兵变成了老兵，每当率领着新兵跳伞，老兵也不忘在机舱口问一句："你怕吗？"

然后，他会用坚定的语气告诉新兵："我也怕，但是，我们一定做得到。"

做事，就要学会减轻自己的心理负担，不要过于担心，我们只要努力了，就一定能做到。

冒险与创新说来简单，其实也不易

冒险和创新说起来很简单，其实做起来也不易。很多时候冒险和创新只不过是看我们愿不愿意持续地努力，如果我们愿意，我们就可以通过冒险和创新获得一番新的世界。如果我们不愿意，我们将仍然抱残守缺。很多人往往以为冒险和创新太难，他们不愿意做这样的事情。

大航海家哥伦布发现美洲后回到英国，女王为他摆宴庆功。酒席上，许多王公大臣、名流绅士都瞧不起这个没有爵位的人，纷纷出言相讽。

"没有什么了不起，我出去航海，一样会发现新大陆。""驾驶帆船，只要朝一个方向航行，就会有重大的发现！""太容易了！女王不应给他这样的奖赏。"

这时，哥伦布从桌上拿起一个鸡蛋，笑着问大家："各位尊贵的先生，哪位能使这个鸡蛋立起来？"于是一些自以为能力超群的人物纷纷开始立那个鸡蛋，但左立右立，站着立坐着立，想尽了办法，也立不住椭圆形的鸡蛋。

"我们立不起来，你也一定立不起来！"大家把目光盯住哥伦布。

哥伦布拿起鸡蛋，"砰"的一声往桌上磕了一下，大头破了，鸡蛋牢牢地立在桌子上。

众人嚷道："这谁不会呀！这太简单了！"哥伦布微笑着说："是的，这很简单，但在这之前，你们为什么想不到呢？"

哥伦布因为敢于突破思维定式而发现了新大陆，那么我们还要继续生活在条条框框里吗？

其实冒险和创新一点都不难，如果我们有一种冒险和创新的习惯，或许还会更容易。为此我们在做事业的过程中，一定要注意培养自己冒险和创新的能力和习惯，不断地去创新，去找新的出路和办法。

其实，如果我们不去冒险，不去创新，在我们已有的事业领域很快就会聚集起一大堆的竞争对手，最后让我们的事业遭到失败，因为他们往往站在我们的肩膀上来做事情。为此我们一定要通过冒险和创新，来让自己的事业更加巩固。作为一个事业的领导者，一定要不断地攻击自己，通过攻击自己来保障事业的活力。

做事，就要懂得冒险和创新，不要以为它很难，事实上很容易，关键看我们愿意不愿意。

你要有长远的眼光，还要扛得住别人的嘲笑

做事情考虑长远的人，往往因为事情不被人理解，而遭人嘲笑。在这种时候，我们一定要扛得住，我们不是活在别人的眼光中，我们是为了将来的事业。做事死脑筋往往扛不住别人的嘲笑，然后改变了自己。

第二次世界大战的硝烟刚刚散尽时，以美英法为首的战胜国们几经磋商后决定在美国纽约成立一个协调处理世界事务的联合国。一切准备就绪之后，大家突然发现，这个全球至高无上、最权威的世界性组织，竟找不到自己的立足之地。

买一块地皮吧，刚刚成立的联合国机构还身无分文。让世界各国筹资吧，牌子刚刚挂起，就要向世界各国搞经济摊派，负面影响太大。况且刚刚经历了第二次世界大战的浩劫，各国政府都财库空虚，甚至许多国家都是财政赤字居高不下，在寸金寸土的纽约筹资买下一块地皮，并不是一件容易的事情。

联合国对此一筹莫展。

听到这一消息后，美国著名的家族财团洛克菲勒家族经商议，便马上果断出资 870 万美元，在纽约买下一块地皮，将这块地皮无条件地赠予了这个刚刚挂牌的国际性组织——联合国。

同时，洛克菲勒家族亦将毗邻这块地皮的大面积地皮全部买下。

对洛克菲勒家族的这一出人意料之举，当时许多美国大财团都吃惊不已，870 万美元，对于战后经济萎靡的美国和全世界，都是一笔不小的数目呀，而洛克菲勒家族却将它拱手赠出了，并且什么条件也没有。

这条消息传出后，美国许多财团主和地产商都纷纷嘲笑说："这简直是蠢人之举。"并纷纷断言："这样经营不要 10 年，著名的洛克菲勒家族财团，便会沦落为著名的洛克菲勒家族贫民集团。"

但出人意料的是，联合国大楼刚刚建成完工，毗邻它四周的地价便立刻飙升起来，相当于捐赠款数十倍、近百倍的巨额财富源源不尽地涌进了洛克菲勒家族财团。这种结局，令那些曾经讥讽和嘲笑过洛克菲勒家族之举的财团和商人们目瞪口呆。

做事就要有长远的眼光，还要有扛得住别人嘲笑的勇气。

看起来愚蠢的人正创造着世界

做事业，千万不要太相信自己的聪明，很多时候不是因为我们的愚蠢而让事业失败，而是因为我们的聪明。因为聪明，我们对事情能不能做有事先的判断，我们会反复验证这种判断。也因为聪明，我们没有坚持做下去的勇气。很多人如果够聪明的话，他们往往不撞南墙不回头。因为他们过于依赖自己的聪明。

还有一个小孩，他把六只蜜蜂和六只苍蝇装进了一个玻璃瓶中，然后，他将瓶子平放，让瓶底朝着窗户，安静地等待着即将发生的事情。

他看到，蜜蜂云集在瓶底，不停地碰撞，想在那里找到出口，直到它们力竭倒毙或饿死；而苍蝇的表现则完全不同，它们会在不到两分钟之内，穿过另一端的瓶颈，逃逸一空。

究其原因，正是由于蜜蜂对光亮狂热的喜爱，正是由于它们高超的智力，蜜蜂才灭亡了。

蜜蜂一定以为，囚室的出口必然设置在光线最明亮的地方；它们不停地重复着这种自以为合乎逻辑的行动。在蜜蜂看来，玻璃是一种高科技、超自然的神秘之物，它们在自然界中从没遇到过这种突破不了的障碍；它们的智力越高，就越对这种奇怪的障碍感到不可理解。

苍蝇，向来被人们认为是愚蠢的家伙，它们对事物的逻辑毫不留意，全然不顾亮光的吸引，四下逃窜，由于运气好，结果误打误撞地成功了。

有些时候，我们要学会放下自己的聪明，用一种较为愚蠢的方式来做事情。事实上，正是一些愚蠢的方式，让我们找到了一条积累深厚的道路，进而促使我们获得了成功。很多看似很合乎逻辑的事情，其实都需要突破。只有突破了我们才能找到新的出路。我们不要在固有的事情中用自己的聪明逻辑反复盘算，最后绕不出来。

很多事情，我们都需要用一种"愚蠢"的方法来打破它的常规，我们不要凭借自己已有的经验来盲目认为什么事情可行，什么事情不可行。实际上事情时刻都在变化之中，我们已有的经验不仅已经过时，而且成为了我们成长的最大绊脚石。

做事就要学会摆脱固有经验，很多时候用一种比较"愚蠢"的办法来做事或许更加有效。

及时转型，领先半步

现代的事业，速度比规模要重要得多。我们的事业面临着很多不可控的因素，会出现很多的新情况，为此我们一定要懂得及时转型。我们要有及时转型、领先半步的态度和行动，只有这样，我们的事业才能永远保持创新和活力。很多人往往不懂得转型，也不懂得领先，他们认为只要做好自己的事情就可以了。事实上，凡事都是在变化中的。

卡尔罗·德贝内德蒂是意大利企业家。在他领导奥利维蒂公司时，微型电脑刚刚流行。为了赶上这一新潮流，他成立了一个研究实验室，投入大量人力财力，加紧研制家庭和办公型微型电脑。当研制快要成功时，美国IBM公司兼容式微型机抢先一步上市了，并迅速在世界范围内畅销。

在高科技领域，失去先机便意味着失去市场。这对德贝内德蒂无疑是一个致命的打击。

继续推出公司的新电脑已失去意义，要放弃即将完成的成果却是痛苦的。因为这意味着此前付出的巨大研制费都付之东流。要说服那些为此耗尽心血的研究人员也非常困难。

德贝内德蒂左右为难，但最后还是下了决断：放弃即将完成的研究。同时重新组织力量，在IBM电脑的基础上，研制一种性能相似价格却便宜得多的兼容机，并获得成功。

当这款新产品研制成功并推向市场后，大受消费者欢迎。奥利维蒂公司也由此成为一家国际化的知名企业，德贝内德蒂本人还多次被美国的《时代》杂志等刊物评为封面人物。

在现代竞争中，我们一定要有速度。也许我们今天事业的规模很小，但是正是因为小，所以我们更需要速度。只有很快的速度，才能促使我们超越。通过速度去抗击竞争对手的规模，最终赢得胜利。即使有一天，我们的规模很大，我们也需要速度，因为没有速度，我们的行动就会变得迟缓，最终我们会失去竞争力。

我们要领先，但是不要领先太多，领先太多容易让我们付出太大的成本，得不偿失。我们只要比竞争对手永远保持领先半步，我们就能够赢得竞争，而且代价不大。

做事就要注重速度，面对复杂多变的环境，我们要及时进行转型，同时我们要做到领先半步，永远保持在前列。

冒险是一种乐趣

冒险本身是一种乐趣，生活之所以多姿多彩，很大程度上是因为我们不知道将得到什么。因为我们不知道将得到什么，所以我们充满期待；因为我们不知道将得到什么，所以得到的时候我们那样欣喜。很多人往往规避风险，殊不知很多时候冒险是一种乐趣。对于事业而言，冒险是必不可少的要素。

某一天，刮着大风下着大雨，螃蟹在海滩上踱来踱去，不知道今天该干些什么。他看见龙虾正准备驾船出海，感到十分惊奇。

"虾大哥，"螃蟹连忙问："这样的天气还冒险出海？难道你不觉得太鲁莽了吗？"

"当然会有些危险，但不鲁莽"龙虾说："因为我喜欢海上的风暴。"

"那我陪你一起去吧，"螃蟹说："我可不能让你独自一个人去冒险。"

于是，龙虾和螃蟹一起出海了，他们的船划得很快，不一会儿，他们就远离了海岸。汹涌的海浪打得小船颠簸起伏。

龙虾在狂风呼啸中大声叫喊："螃蟹老弟，咸滋滋的浪花最能使我振奋，波涛的撞击简直让我高兴得喘不过气来！"

"不过，虾大哥，"螃蟹胆战心惊地叫了起来："我发觉我们的船正在往下沉！"

"一点不错，我们是正在下沉。这条旧船到处都是裂缝。勇敢些，蟹老弟。我们可都是大海的子孙哪！"

不一会儿，小船翻了个身，沉了下去。

"太可怕了，太可怕了！"螃蟹惊叫起来。

"走，让我们下去吧。"龙虾说道。

螃蟹还是惊恐不安，于是龙虾搀着它沿着海底缓步行走。

"你看，我们多么勇敢地冒了一次险，多有意义啊！"龙虾说。

螃蟹渐渐觉得好受了许多。尽管他一向喜欢过安稳的生活，但此时他也不得不承认，这一天虽然历尽风险，却也很有几分乐趣。

这是劳伯尔的寓言《龙虾和螃蟹》，寓意是适当的冒险，哪怕小小的冒险往往会有意外的收获。

做事就要懂得冒险，有一种冒险的精神和行动，让事业变得兴趣盎然。

你得有抗拒潮流的勇气

潮流，容易让人失去方向。为此应对潮流，我们一定要有所抵制。有的人一辈子都在追求潮流，最后他失去了自己。有的人做的所有事情都是跟随，结果他节节败退。对于潮流的东西，我们一定得有清醒的头脑，甚至要远离潮流。很多人往往随波逐流，最终永远都不可能获得真正意义上的成功。

一群站在树枝上的麻雀对其中的一只说："我们全都是迎风站立，只有你跟我们站得相反。"

"我就是喜欢这样，我碍着你们吗？"那只麻雀不服地说。

"你破坏了团体精神，是一只不合群的鸟。"

所有的麻雀一致谴责它，但是这只麻雀仍一意孤行。

它们依然迎风站立，只有这只麻雀继续站在相反的方向。

这时一只大花猫潜藏到树丛后面，由于大家都向着迎风的方向，没有察觉到花猫的出现。

当花猫正准备一跃而出时，那只站立反方向的麻雀及时看见，大叫道："猫来了！快逃！"

其他的麻雀立刻闻声飞走，这只孤立独行的麻雀救了大家一命。

做事业固然要合群，但是你的思想一定不要被一个群体给领导了。你应该有独立的思考，避免随大流去思考问题。只有这样，整个团队才能多角度去思考问题，这样成功的可能性会更大，出现风险的可能性会更小。

很多人都追求大家言行一致，高度统一。他们容不下那些所谓的"异己"。很多时候这些观念是极其有害的。它使得一个群体就像被相互洗脑了一样，互相影响，结果容不下任何外界的东西。如果我们抱着这样的思想，按照这样的方式去做事，显然我们做的事情永远是缺少创新和价值的。

做事，就要有抗拒潮流的勇气，我们要勇敢地和潮流保持距离，永远都不要去随大流，哪怕这样做很是寂寞和孤单，但是真正的成功往往产生在这种状态下。

第十章　成就并没有想象中那么难

　　成就并没有想象中那么难，为此，我们要学会简单地做事情，复杂的事情简单化，我们朝着成功的方向，一步一个脚印地坚定前进。

用手多用心，石头也成金

做事业，我们不仅要勤于动手，而且要用心。很多事情必须有谋略，通过谋略来获得更大的成就。磨刀不误砍柴工，谋略就是磨刀的过程。我们要善于发现生活中的机会，其实生活中到处都充满着机会。很多人往往习惯于日常的工作，他们失去了思考，因此他们也失去了大成功。

1974 年，美国政府为清理自由女神像翻新时留下的废料，公开向社会招标。但几个月过去了，没人应标。正在法国度假的一位犹太商人得知消息后，立刻从巴黎飞往纽约，在仔细查看了女神像下堆积如山的"垃圾"后，未提任何条件便欣然签约。

随后，犹太商人开始组织工人对"垃圾"进行分类：将废铜熔化，铸成小自由女神像；将废旧木块儿加工成铜像底座；将废铅、废铝制成纽约广场的钥匙……就连从女神身上扫下来的尘土，都加工后包装起来出售给花店。不到三个月的时间，如山的"垃圾"就创造出了 350 万美元的价值。

我们要学会动手，更要学会用心。当我们用心去做事情的时候，往往能够事半功倍；而当我们只动手而不用心的时候，最好的效果也不过是事倍功半。用心能够最大限度地提升效率，节省我们的时间。

很多人之所以不用心，是因为他们觉得用心创造不了价值。其实情况恰恰相反，用心尽管不能创造实际的价值，但是用心去进行系统规划，会让更多的价值得以实现。我们不能总是抱着体力劳动的想法去看待问题。

我们需要用心去思考问题，我们事业中的很多问题，其实需要好好思考，回到生活的本原去思考。不要总是埋头苦干，很多时候我们需要抬头看天。

做事，就要学会用心，当我们用心去思考问题的时候，我们会创造更大的价值。

把梳子卖给和尚真有那么难吗

凡事都有解决的办法。有些时候，看起来已经毫无办法的事情，换一种思路就会出现很多很好的办法。比如说把梳子卖给和尚，很多人一下子就断定和尚肯定不需要梳子。其实未必是这样。

有四个推销员接受任务，到庙里找和尚推销梳子。

第一个推销员空手而回，说到了庙里，和尚说没头发不需要梳子，所以一把都没卖掉。

第二个推销员回来了，卖了十多把。他介绍经验说，我告诉和尚，头皮要经常梳梳，不仅止痒，头不痒也要梳，可以活络血脉，有益健康。念经念累了，梳梳头，头脑清醒。这样就卖掉一部分梳子。

第三个推销员回来，卖了百十把。他说，我到庙里去，跟老和尚讲，您看这些香客多虔诚呀，在那里烧香磕头，磕了几个头起来头发就乱了，香灰也落在他们头上。您在每个庙堂的前面放一些梳子，他们磕完头烧完香可以梳梳头，会感到这个庙关心香客，下次还会再来。这一来就卖掉百十把。

第四个推销员说他销掉好几千把，而且还有订货。他说，我到庙里跟老和尚说，庙里经常接受人家的捐赠，得有回报给人家，买梳子送给他们是最便宜的礼品。您在梳子上写上庙的名字，再写上三个字"积善梳"，说可以保佑对方，这样可以作为礼品储备在那里，谁来了就送，保证庙里香火更旺。这一下就卖掉好几千把。

我们做事一定要开动脑筋，很多事情法无定法，要想把事情做好，必须依靠我们开动脑筋。事实上，当我们将自己的精力聚焦在事情之上的时候，我们会发现很多很好的办法。关键的问题就在于平时我们都习惯了事情本身，而没有从最本源来思考问题。这样做事情的方式显然是不对的。

做事，就要勇于化一切不可能为可能，要善于运用好的方法来帮助我们寻找事情的解决办法。我们一定要相信，任何事情都是有解决的办法的。

有些伟大的事业是玩出来的

很多伟大的事业的开端往往不是辛辛苦苦做出来的，而是通过玩出来的。原因就在于，任何事业最终都基于人们的需求，对玩的需求从古到今都长盛不衰。我们要将我们的事业更贴近人们的需求，要让人们的生活充满更多的乐趣。很多人往往觉得这不够严肃，但是如果能做成事业，严肃不严肃又有什么关系呢？更何况严肃本身不是事业成功的必备条件。

比尔盖茨为了玩游戏而写了第一个程序。

乔布斯在他的汽车房里玩电子元件。玩出了苹果公司。

杨致远在创建"雅虎"的时候，只是斯坦福大学研究院的一个学生，他和几个一样爱"闲逛"的同学一起做了这件在教授们看来很无意义的事。回忆起当初的情形，杨致远说："当时我们把网上信息分类编制索引，纯粹是出于好玩。谁也没有想到后它会成为这么一大桩买卖。"

加利福尼亚的卡梅伦，从小就喜欢芭比娃娃，为此她设计了一个专卖芭比娃娃的网页和他的同龄人共享这份乐趣。现在这个 14 岁的少年已经是一家颇具规模的网上的玩具销售公司的老板，连他的父母都是他雇员。

我们要让我们所从事的事业充满乐趣，首先我们就要让我们的梦想兴趣盎然，只有兴趣盎然的梦想才能够得到更多的认同。事实上，我们很多的事业梦想都是兴趣盎然的，只不过有些时候，我们把它们过于严肃化了。

我们要让我们所从事的事业充满乐趣，我们还要让我们同行的人感受到其中的乐趣。只有他们感受到了其中的乐趣，他们才愿意用更多的时间和精力投入到其中，而且没有丝毫强迫，这样的话，我们的事业才会有更多的助力。

做事，就不要把事情变得太严肃，我们通过乐趣，让我们所从事的事情更加有活力、更加不可思议、更加激起同行的人的热情，未来拥有更多的事业基础。

懒人创造了世界

生活中很多事情是出乎人们意料的。比如说很多人认为是聪明而又勤奋的人创造了世界，其实生活中很多时候是懒人创造了世界。很多人不会相信这个。因为他们从来就不想偷懒，而之所以不想偷懒，不是因为他们本身很勤奋，而是他们不愿意开动脑筋。所以他们日复一日十分辛苦地重复着近乎体力的劳动。这样的人不可能获得成功。

美国有个叫杰福斯的牧童，他的工作是每天把羊群赶到牧场，并监视羊群不越过牧场的铁丝到邻近的菜园里吃菜就行了。

有一天，小杰福斯在牧场上不知不觉睡着了。不知过了多久，他被怒骂声惊醒了。只见老板怒目圆睁，大声吼道："你这个没用的东西，菜园被羊群搅得一塌糊涂，你还在这里睡大觉！"

小杰福斯吓得面如土色，不敢回话。

这件事发生后，机灵的小杰福斯就想，怎么才能使羊群不再越过铁丝栅栏呢？他发现，那片有玫瑰花的地方，并没有更牢固的栅栏，但羊群从不过去，因为羊群怕玫瑰花的刺。"有刺，就可以挡住羊群了。"

于是，他先将铁丝截成了5厘米左右的小段，然后把它结在铁丝上当刺。结好之后，他再放羊的时候，发现羊群起初也试图越过铁丝网去菜园，但每次都被刺疼后，惊恐地缩了回来，被多次刺疼之后，羊群再也不敢越过栅栏了。

小杰福斯成功了。

半年后，他申请了这项专利，并获批准。后来，这种带刺的铁丝网便风行全世界。

做事，就要从提升效率出发，从自己的"懒惰"出发去想问题想办法，然后持续推动事业走向成功。

失败就是障念，阻挠你成功

做事情的时候，很多人都担心自己会失败。我们惊讶地发现，那些越是担心自己会失败的人，最后失败得越快。或许有人认为这些人是因为能力问题。因为能力非常弱，所以他们非常担心。但事实上根本不是那样。即使能力很强的人，他们只要产生失败这种念头，最后就会对他形成一种魔咒，最后使他陷入失败的泥沼中不能自拔。很多人不明白失败是一种障念，他们做不到排除这种障念，无法走向成功。

世界著名的走钢丝人卡尔·华伦达曾说："在钢丝上才是我真正的人生，其他都只是等待。"他就是以这种信心来走钢丝，每一次都非常成功。

1978 年，这位成功的走钢丝人在波多黎各表演时，从 75 尺高的钢丝上掉下来摔死了。这令人不可思议。后来，走钢丝人华伦达的太太说出了原因。在表演的前 3 个月，华伦达开始怀疑自己"这次可能掉下去"。他时常问太太："万一掉下去怎么办？"他花了很多精力在避免掉下来，而不是在走钢丝。

我们要随时给自己打气，我们要相信自己一定成功，自己天生就是一个成功者，不可能失败的。我们即便遭遇到失败，那也不是因为自己的能力有问题，只不过是运气太差。下一次我们一定能成功，毕竟人不可能运气差到那种程度。

我们不要让失败像魔鬼一样进入我们的脑海，失败永远不属于我们。至于失败以后的后果，我们根本就用不着去考虑。其实，即使是失败了，我们也相信我们下一次会成功，因为我们下一次的成功多了这一次的经验教训。

很多人始终摆脱不了失败的阴影，哪怕他们本身很成功，他们总是认为自己是个失败者，殊不知，他们本来应该很成功，但是因为他们的头脑中有这样的想法，最后他们一败涂地。

做事，就要摆脱失败的障念，不要让失败成为成功的阻碍。我们是成功者，永远都是成功者。

人活的是一种精神

人能否活得更好，事业能否做得更成功，很多时候是由一种精神决定的。我们要不断培养自己的精神，让精神推动我们的事业走向成功。有些时候这种精神是希望，我们要永远相信前途一片光明；有些时候这种精神是坚持，我们要永远坚持到最后的一刻。很多人不懂得精神在何种程度上作用于人，因此他们很少注重精神的力量。一个不注重精神力量的人，很难领导一群人开创一项事业。

有一年，一支英国探险队进入了撒哈拉沙漠地区。茫茫的沙海里，阳光下，漫天飞舞的风沙像烧红的铁砂一般，扑打着探险队员的面孔。队员们口渴似炙，心急如焚，可是大家的水都喝光了。

这时，队长拿出一个水壶，说："这里还有最后一壶水。但是在走出沙漠以前，谁也不能喝。"

一壶水，成了穿越沙漠的信念的源泉，成了队员们求生的希望。水壶在队员们的手中传递，那沉甸甸的感觉每每使队员们濒临绝望的时候，又显露出坚定的神色。

终于，探险队顽强地走出了沙漠，挣脱了死神的魔掌。大家喜极而泣，用颤抖的手拧开了那壶支撑他们精神和信念的水——缓缓流出来的，却是一壶满满的沙子。

人活着很大程度是一种精神，我们要有这种情怀。在我们具体的事业中，我们要善于运用精神的力量，不断地激励自己，也不断地激励别人。我们要想把事业做成功，往往需要很多客观的条件，但是我们同样需要很多主观的条件，精神就是最大的主观条件，也是最有效的条件。

做事就要学会注重精神的力量，通过精神，我们来不断推动我们的事业走向高峰；通过一种精神，我们来不断地坚持我们的理想和信仰。等若干年后回过头来看，我们的精神真的创造了奇迹。

绝境创造奇迹

人在绝境的时候，往往会创造奇迹。为此，当我们认为我们的事业走到绝境的时候，我们千万别灰心丧气，或许命运正打算给我们一个创造奇迹的机会。很多人看到绝境就是绝境本身，他们从来不懂得创造奇迹。但是生活中，很多成功的人都是在绝境中创造奇迹的。

在法国一个位于野外的军用飞机场上，一位名叫桑尼尔的飞行员正在专心致志地用自来水枪清洗战斗机。突然，他感到有人用手拍了一下他的后背。回头一看，他吓得大叫一声，拍他的哪里是人，一只硕大的狗熊正举着两只前爪站在他的背后！

桑尼尔急中生智，迅速把自来水枪转向狗熊。也许是用力太猛，在这万分紧急的时刻，自来水枪竟从手上滑了下来，而狗熊已朝他扑了过去……他闭上双眼，用尽吃奶的力气纵身一跃，跳上了机翼；然后大声呼救。

警戒哨里的哨兵听见了呼救声，急忙端着冲锋枪跑了出来。两分钟后，狗熊被击毙了。

事后，许多人都大惑不解：机翼离地面最起码有 2.5 米的高度，桑尼尔在没有助跑的情况下居然跳了上去，这可能吗？如果真是这样，桑尼尔不必再当飞行员了，而应当一名跳高运动员，去创造世界纪录。

然而，事实确实如此。

后来，桑尼尔做了无数次试验，再也没能跳上机翼。

我们不希望自己的事业走向绝境，但是我们的心中一定要相信，即使我们的事业走向了绝境，我们依然还是可以创造奇迹的。这个世界很多时候都在变化之中，我们真的不知道当遇到绝境的时候，等待我们的会是什么样的命运。

当然，我们不能有意将自己的事业推向绝境，然后追求死里逃生的快感。我们要避免我们的事业走向绝境，就要在平时让我们的事业更有效率、更富有生命力。只有这样，我们的事业才能够永远保持活力和青春。

做事就要始终相信绝境能创造奇迹，但我们一定要让事业在平时就保持活力，避免走向绝境。

不要作茧自缚，无病呻吟

很多人很多时候容易作茧自缚，拿着本没有的痛苦或者心中的恐惧来无病呻吟。这种人做事情的时候往往会陷入一种死脑筋，总是绕不过弯来，最后他们失去了自由，也失去了快乐。我们做人做事一定要学会轻松和自由，不要过于沉重，更不要无病呻吟。

有一位年轻人去找心理学教授，他对大学毕业之后何去何从感到彷徨。他向教授倾诉诸多的烦恼：没有考上研究生，不知道自己未来的发展；女朋友将去一个人才云集的大公司，很可能会移情别恋……

教授让他把烦恼一个个写在纸上，判断其是否真实，一并将结果也记在旁边。

经过实际分析，年轻人发现其实自己真正的困扰很少，他看看自己那张困扰记录，不禁说："无病呻吟！"教授注视着这一切，微微对他点头。于是，教授说："你曾看过章鱼吧？"年轻人茫然地点点头。

"有一只章鱼，在大海中，本来可以自由自在地游动，寻找食物，欣赏海底世界的景致，享受生命的丰富情趣。但它却找了个珊瑚礁，然后动弹不得，呐喊着说自己陷入绝境，你觉得如何？"教授用故事的方式引导他思考。他沉默一下说："您是说我像那条章鱼？"年轻人自己接着说："真的很像。"

于是，教授提醒他："当你陷入烦恼的习惯性反应时，记住你就好比那条章鱼，要松开你的八只手，让它们自由游动。系住章鱼的是自己的手臂，而不是珊瑚礁的枝丫。"

任何问题都有解决的办法，唯有一种问题最难解决，这就是一个人固执己见，硬是给自己背上很沉重的包袱。做事就要学会让自己更加轻松，不要把事情总往坏处想，把自己总往绝境里推。

成功的门是虚掩的

成功的门很多时候都是虚掩的，只不过我们不相信成功会来得那么快，所以我们总是战战兢兢，连推开门的勇气都没有。很多人往往不相信自己有太好的运气，因此他们像害怕失败一样害怕成功。

很久以前，有一位国王决定考一考他的大臣们，以便从中选拔出一个最坚强、最聪明的人担任重要的职位。他把大臣们领到一扇奇大无比的门前说：

"现在你们看，这是我们王国中最大的门，也是最重的门。请问你们当中谁能把它打开？"

聪明的大臣们都知道这门是难以打开的，因为从来就没听说过谁能打开它。于是一些大臣摇了摇头。另一些，也许是属于较精明的人吧，走上前去盯着门看了一阵，但并不胡乱动手，因为他们不想充当傻子，他们相信自己的判断，不可能把门打开。大家都觉得这个问题太难了，个人的力量无法解决。

这时，有一个大臣向大门走了过去，他左瞧瞧右看看，用手试了一试，最后猛地一推，门被打开了。原来，这扇门本来就是虚掩着的，只要有勇气去检查它和试一试就可以了。这个大臣最终得到国王的奖赏，获得了重要的职位。

我们要相信我们每一个人都能获得成功，成功对我们每一个人都敞开了大门，关键在于我们去争取。或许有人担心争取会付出很大的代价，但事实上，很多时候争取不过是举手之劳，只是我们从心底里不相信我们也能获得成功，因此我们不愿意做这样的举手之劳，最后我们就持续地遭遇失败。

我们要相信通过努力，我们一定能够获得成功。我们的事业要做成，固然要付出代价，但是这个代价绝对不会大到我们无法承受的地步。很多时候我们要付出的可能是个小代价，只不过有些时候我们不敢相信罢了。

做事，就要相信成功的门是虚掩的。我们要让自己获得成功，就必须用点力气推开这扇虚掩的门。

有时候，你只需要个形式

很多时候我们已经很成功了，但是我们缺少一个形式，因此我们的成功不被人们所认可。我们做事业一定要相信，首先我们是个成功的人，其次我们要做的事业未来一定是个成功的事业。所以我们现在所做的一切无非就是通过一种形式，将我们这种成功展示出来。有了这样一种心态，我们会对自己和事业有更大的信心。很多人往往在成功没有得到认可的时候灰心丧气，只有成功得到认可，他们才会有精神。其实如果真的是在成功没有得到认可时候出现灰心丧气的状态，估计成功也很难得到认可。

19世纪初，肖邦从波兰流亡到巴黎。当时匈牙利钢琴家李斯特已蜚声乐坛，而肖邦还是一个默默无闻的小人物。然而李斯特对肖邦的才华却甚为赞赏。怎样才能使肖邦在观众面前赢得声誉呢？李斯特想了妙法：那时候在钢琴演奏时，往往要把剧场的灯熄灭，一片黑暗，以便使观众能够聚精会神地听演奏。李斯特坐在钢琴面前，当灯一灭，就悄悄地让肖邦过来代替自己演奏。观众被美妙的钢琴演奏征服了。演奏完毕，灯亮了。人们既为出现了这位钢琴演奏的新星而高兴，又对李斯特推荐新秀深表钦佩。

我们要相信我们自己本身是一个成功的人，现在所做的一切无非是将这种成功的形式表现出来，通过一种形式来让相关的人认可。为此我们现在已经是走在成功的路上，我们所要做的事情必定会成功，必定会得到人们的认可，只不过时间的早晚罢了。

我们要相信我们的事业本身是一个成功的事业。现在为事业做的每一项努力都是为了让事业得到更多人的认可。为此，我们的事业必然走向成功，但是我们还需要继续让更多的人认可。

只有具备这样的心态，我们在面对事情的时候才能游刃有余。我们看到了前面的希望，我们的行动自然更加坚强和有力。

做事，就要认识到自己已经是个成功的人，事业是成功的事业，关键是我们还没有被别人认可。为此我们现在十分努力地工作，是始终行走在被认可的路上，是正确的选择。

简单，简简单单

我们追求成功，就不要把事情变得过于复杂。成功并不复杂，只有我们目标正确，坚定不移地努力，我们就一定能够获得成功。事情本身也不复杂，我们的方法到位，事情就很简单。唯一复杂的是我们的想象。很多时候我们把成功想象得太难，把事情想象得太不容易，最后我们认定自己会付出巨大的代价，结果我们失去了本应属于自己的成功。做事很多的人不会将事情看简单，他们往往把事情看得过于复杂，于是他们在事情面前失去了勇气和行动。

传说公元前213年冬天，马其顿亚历山大大帝进兵亚细亚。当他到达亚细亚的弗吉尼亚城，听说城里有个著名的预言：

几百年前，弗吉尼亚的戈迪亚斯王在其牛车上系了一个复杂的绳结，并宣告谁能解开它，谁就会成为亚细亚王。自此以后，每年都有很多人来看戈迪亚斯打的结子。各国的武士和王子都来试解这个结，可总是连绳头都找不到，他们甚至不知从何处着手。

亚历山大对这个预言非常感兴趣，命人带他去看这个神秘之结。幸好，这个结尚完好地保存在朱庇特神庙里。

亚历山大仔细观察着这个结，许久许久，始终连绳头都找不到。

这时，他突然想到："为什么不用自己的行动规则来打开这个绳结！"于是，他拔出剑来，一剑把绳结劈成两半，这个保留了数百年的难解之结，就这样轻易地被解开了。

我们要用一种简单的心态和行动来做事情，我们要坚信，只要事情方向正确，我们付出的努力是卓有成效的，那我们就一定能够获得成功。我们不要认为自己或许是个失败者，不会获得成功，这种心态是我们失败的根源。如果我们能够抛弃这种心态，换一种角度考虑问题，我们就能够获得极大的成功。做事业就是这样，只要你付出了，就会有回报。只要你持续付出，你就会打开成功的门。

做事就要尽量简单，简简单单，让我们在事业面前简单行动，让所有事业的成功，都变得触手可及。

说者无心，听者有意，成功随后就来

成功就藏在生活的点点滴滴中，只要我们做生活的有心人，我们就能够获得成功。很多人往往对事业有感觉，对生活缺乏感觉，因此很难获得成功。

1850 年，美国旧金山来了一大批淘金者。那时，这里已经是一个很热闹的地方，只见到处是熙熙攘攘、川流不息的人群。这些人大都衣衫褴褛，蓬头垢面，一副疲于奔命的样子。他们尽管种族不同、语言各异，但是满脑子里都在做着一个共同的美梦：淘金发财。

自从美国西部发现了金矿，便掀起了"淘金热"，世界各地希望"一夜暴富"的人都向这里涌来。在这川流不息的人群中，有一个叫李威·施特劳斯的年轻人，他是犹太人，抛弃了自己厌倦的家族世袭式的文职工作，跟着两位哥哥远渡重洋也赶到了美国来"发财"。

就像今天贵州、四川等地的农民去广州、上海、北京等地打工一样，现实并非李威想象的那样：这里淘金的人多如牛毛，淘金不是一件好做的事情。

他是一个比较实在的人，心里盘算，做生意或许比淘金更容易赚钱。这样他就开了一间卖日用品的小铺。

从德国来到美国，一切都是新的——既新鲜又是那样的生疏。要开好这个小店，他得向当地的美国商人学习做生意的窍门，学习他们的语言。犹太人做生意天赋极高，他们自从被赶出家园之后，在世界各地流浪多年，就是靠他们高超的经商头脑，才在世界各地生存下来。因此，他们的基因早就有做生意的因素，李威也不例外。

没过多久，他就成为一个地道的小商贩了。

一次，有位来小店的淘金工人对李威说："你的帆布很适合我们用。如果你用帆布做成裤子，更适合我们淘金工人用。我们现在穿的工装裤都是棉布做的，很快就磨破了。用帆布做成裤子一定很结实，又耐磨，又耐穿……"

说者无意，听者有心。一句话就把李威点醒了，他连忙取出一块帆布，领着这位淘金工人来到了裁缝店，让裁缝用帆布为这个工人赶制了一条短裤——这就是世界上第一条帆布工装裤。就是这种工装裤后来演变成一种世界性的服装——李威牛仔裤。

那位矿工拿着帆布短裤高高兴兴地走了。

李威已经考虑成熟了：立即改做工装裤！

成功人士的过人之处就在于能紧紧抓住很多偶然的东西，做出惊人的成就。

李威就是这样：帆布短裤一生产出来，就受到那些淘金工人的热烈欢迎。

这种裤子的特点是结实、耐磨、穿着舒适——大量的订货单如雪片般飞来。李威一举成名。

1853 年，李威成立了"李威帆布工装裤公司"，大批量生产帆布工装裤，专以淘金者和牛仔为销售对象。

做事，就要做生活的有心人，在生活中发现机会，并且持续努力，最后推动事业走向成功。

用简单的办法做事情

很多时候，事情的解决办法没有我们想象中那么难。我们要习惯用一种简单的方法来解决问题，而不是通过一个复杂的过程让问题变得千头万绪。很多人往往按照自己固有的一套程序去解决任何问题。这样解决问题的方式不仅机械，而且缺少效率。

爱迪生有一位名叫阿普顿的学生，自以为学识丰富、才高八斗，甚至连老师的话也常不放在心上。爱迪生对此很不放心，想找个机会让阿普顿好好认识自己的不足，养成谦谨的学风。

一天，阿普顿接受了老师交待的任务：测算出一只梨形灯泡的容积。灯泡形状并不规则，它像球形，又不是球形；像圆柱体，又不是圆柱体。即使做近似处理，也很繁琐。阿普顿铆足了劲，画了一堆草图，将灯泡进行各种形状、部位的分割和复杂的运算，但做了很长时间也没有满意的结果。

爱迪生见到灰头土脸的阿普顿，对他说："你还是换种方法算算吧"。阿普顿最终还是没有想到好的办法，不得不求教于爱迪生，爱迪生取来了一大杯水，倒进了量筒，然后把灯泡浸泡进去。阿普顿突然意识到，量筒中水位的增加部分，无疑就是灯泡的容积了！

我们要习惯用简单的方法去做事情，只有这样，我们才能获得效率。有些人习惯把事情看得过于复杂，对于过于复杂的事情，他们往往认为采用一种简单的方法不大合适。他们根本就没有想过用一种简单的方法。于是他们花了很多的精力和时间，最后也没有解决任何问题。那些看起来并不聪明的人，反而很快就找到了问题的解决办法，因为他们采用的是最简单的办法。

做事就不要刻意去追求复杂，很多事情我们需要用一种简单的办法来解决，我们要在简单中寻找到效率，然后用这种效率不断推动事情的解决。

第十一章　机会任何时候只给有准备的头脑

　　机会只给有准备的头脑，所以我们没有必要慨叹
自己没有机会，而应该反省自己是否有所准备。

没最先抓住机会不要紧，你有后发优势

很多时候，我们不是最先抓住机会的人，当我们发现机会的时候，已经有很多人在挖掘它。这个时候不用灰心丧气，机会这种东西，固然最先得到的人会获得很大的优势，后来的人也可以拥有后发优势。很多人往往为没有最先抓住机会而耿耿于怀，他们为错过了太阳而流泪的时候，又错过了群星。

美国石油大王洛克菲勒曾是控制美国经济的一大财阀，他的标准石油、美孚石油曾垄断世界。

洛克菲勒的一招儿，就是他早在22岁发现的"打第一先锋的商人赚不到钱"。他是在观看马拉松比赛中悟出了这个道理。于是他在淘金热、石油钻探热中始终冷静观察，引而不发。待第一批抢购土地、钻采石油者皆因油价低而血本全无，继而用油市场形成时，他才把准备好的大量资金投入炼油工业，原油企业纷纷与他签订合同，他同时与用油企业达成协议，炼出的油就是钱。继而他又大量收购低廉的石油工业。

石油工业与铁路、轮船等运输业息息相关，洛克菲勒利用运输业不懂经营的机会，从货物源头上控制住运输业，也控制住原油价格，从而在1873年就独霸世界石油市场，成为石油大王。

在机会面前人人平等，先来固然有先来的优势，但是后来也后来的优势。后来的人往往可以吸取先来者的经验和教训，避免走很多弯路。不仅如此，后来者还可以从一个旁观者的角度清醒地看到先来者的弱点所在，可以通过攻击先来者的弱点来获得持续的成功。对于每一项事业而言，要想获得成功就必须坚持竞争导向。作为后来者，虽然先来者已经树立了一定的优势，但是后来者也有超越的后发优势，关键在于我们能不能有足够的智慧和勇气。

对于没有抓住最先的机会，千万不要气馁，我们还有后发优势。我们要善于从先来者的经验和教训中找到我们的优势所在。同时我们一定要告诫自己，刚开始可以跟随，但是不要永远都做一个跟随者，要学会找到优势，超越先来者。

做事，就要明确先来有先来的优势，后发有后发的优势。当我们不能先来的时候，我们不妨注重一下后发优势的发挥。

不要习惯性地丢掉机会

由于我们对成功不是发自内心的重视，所以我们经常习惯性地丢掉机会。人一生会获得很多机会，但是很少有人持续抓住机会获得成功。那些慨叹自己生不逢时的人，往往不是因为没有机会，而是他们看不起那些机会，习惯性地丢掉了本来可以让他们获得非凡成就的机会。很多人往往在日复一日的忙碌中习惯性地丢掉了很多机会。这是对人生、对事业最大的浪费。

有个年轻人，想发财想到几乎发疯的地步。每每听到哪里有财路，他便不辞劳苦地去寻找。有一天，他听说附近深山中有位白发老人，若有缘与他见面，则有求必应，肯定不会空手而归。于是，那年轻人便连夜收拾行李，赶上山去。

他在那儿苦等了 5 天，终于见到了传说中的老人，他向老者请求赐珠宝给他。老人告诉他说："每天早晨，太阳未升起时，你到村外的沙滩上寻找一粒'心愿石'。其他石头是冷的，而那颗'心愿石'却与众不同，握在手里，你会感觉到很温暖而且会发光。一旦你寻到那颗'心愿石'后，你所祈祷的东西都可以实现了。"

青年人很感激老人，便赶快回村去。

每天清晨，那青年人便在沙滩上寻找石头，只要发觉不温暖也不发光的，他便丢下海去。日复一日，月复一月，那青年在沙滩上寻找了大半年，始终也没找到温暖发光的"心愿石"。

有一天，他如往常一样，在沙滩上捡石头。一发觉不是"心愿石"，他便丢下海去。一粒、二粒、三粒……

突然，"哇……"，青年人哭了起来，因为他刚才习惯地将那颗"心愿石"随手丢下海去后，才发觉它是"温暖"发光的。

我们要打破生活的惯性，不要过一种毫无创新和发现的生活，那种死气沉沉的生活不会引导我们获得幸福人生的。我们要对生活敏锐起来，要在平淡无奇的生活中不断发掘机会，不断地引导自己成功。任何一个成功者都应该是生活敏锐的观察者，通过对生活的观察和人性的把握，他们可以借此获得持续的成功。

做事就要学会打破生活的惯性，不要习惯性地丢掉机会，要让生活中的每一天都获得新的动力源泉，引导自己持续走向成功。

为未来做好储备

每一天，对于我们来说都应该是新的开始。这个新的开始不仅是我们要有新的时间，而且也是因为我们可以对成功做新的投入。不要忽视每一天对成功的投入。成功正是你每一天、每一刻、每一秒的投入最后聚集而成的。很多人往往希望不投入就能获得成功，或者说一次性投入获得成功，这种不劳而获和一劳永逸的思想其本质是在赌博，而不是赢得成功。

父子俩一同穿越沙漠。在经历了漫长的跋涉之后，他们都疲惫不堪，干渴难忍，每迈出一步都异常艰难。这时父亲看到黄沙中有一枚马蹄铁在阳光的照耀下闪闪发光——那是沙漠先驱者的遗留品。

父亲对儿子说，捡起它吧，会有用的。儿子一副不屑一顾的样子，看了看一望无际的沙漠——有什么用呢? 儿子摇摇头。于是,父亲什么也没说,只是弯腰拾起了马蹄铁,继续前行。

终于他们到达了一座城堡,父亲用马蹄铁换了 200 颗酸葡萄。当他们再次跋涉在沙漠中遭遇干渴时,父亲拿出了酸葡萄,边走边吃,同时自己吃一颗还丢一颗在地上——儿子每吃一颗便要弯一次腰去捡。

我们每一天都要为未来做准备,都要用时间和精力投入到未来的事情中。我们如果真的有梦想,真的想获得持续的成功,我们就必须做持续投入。只有聚沙,才能成塔;只有水滴,才能石穿。我们不要指望一次性投入能够获得成功,真正的成功不是赌来的,而是靠自己的持续投入获得的。

我们每一天都要为未来做准备,要让现在的每一件事情都要具有未来的意义。我们要在每一件事情上都要有所进步,不要总是重复做着单调的工作。如果我们所从事的事业毫无新意可言,而且也不会让自己取得进步,那么这样的事业是可疑的,它究竟能不能引导我们走向成功?

我们不要小看平时的努力,一个小小的习惯对于我们来说可以是制胜的,同时也可以是致命的。为此我们一定要学会关注小事,我们要把小事做得意义非凡,我们要在小事中不断地提高,最后我们才能够在大事中获得更高的效率。

做事,就要学会让现在的行动具有未来的意义。让现在每一天的工作都成为自己新的开始,为自己未来的成功持续添砖加瓦。

机会在于不断实践中

有时候我们慨叹生活为什么不给我们机会。实际上,生活的机会就像坚硬外壳里的果实一样,需要我们有足够的耐心打开这种坚硬的外壳。那些慨叹生活没有机会的人其实就像是在抱怨为什么核桃会有一个不能吃的外壳。一切机会都在不断的实践中，如果我们不愿意实践，我们就毫无机会可言。很多人往往注重机会的唾手可得，他们忘记了自己应该付出努力。

在美国，有一位穷困潦倒的年轻人，即使在身上全部的钱加起来都不够买一件像样的西服的时候，仍全心全意地坚持着自己心中的梦想，他想做演员，拍电影，当明星。

当时，好莱坞共有500家电影公司，他逐一数过，并且不止一遍。后来，他又根据自己认真划定的路线与排列好的名单顺序，带着自己写好的量身定做的剧本前去拜访。但第一遍下来，所有的500家电影公司没有一家愿意聘用他。

面对百分之百的拒绝，这位年轻人没有灰心，从最后一家被拒绝的电影公司出来之后，他又从第一家开始，继续他的第二轮拜访与自我推荐。

在第二轮的拜访中，500家电影公司依然拒绝了他。

第三轮的拜访结果仍与第二轮相同。这位年轻人咬牙开始他的第四轮拜访，当拜访完第349家后，第350家电影公司的老板破天荒地答应愿意让他留下剧本先看一看。

几天后，年轻人获得通知，请他前去详细商谈。

就在这次商谈中，这家公司决定投资开拍这部电影，并请这位年轻人担任自己所写剧本中的男主角。

这部电影名叫《洛奇》。

这位年轻人的名字就叫史泰龙。现在翻开电影史，这部叫《洛奇》的电影与这个日后红遍全世界的巨星皆榜上有名。

我们要想获得成功，就必须不断去实践，只有实践才能够创造出我们想要的成功。机会永远不是唾手可得的东西，事实证明那些唾手可得的机会很多都是陷阱，让自己万劫不复。

做事，就要学会不断实践，去啄开机会外表的那层坚硬的外壳。我们要成为一个实践者，而不要成为一个成天幻想天上掉馅饼的人。

机会藏在失败的身后

做事业难免会遭遇失败，甚至人生不如意十之八九。但是当我们遇到失败的时候，我们一定要想到，失败一定是有原因的，有了失败，我们就能明确其中的原因，如果能够把这些原因克服，那么我们不就成功了吗？所以成功是藏在失败之中的，任何一次失败都孕育着成功的机会。很多人往往只把失败当成失败，最后失败成为了他们挥之不去的阴影。

50年前有一个美国人叫卡纳利，家里经营着一家杂货店，生意一直不好。年轻的卡纳利告诉他的父母，既然经营了这么多年都没有成功，就应该换一个思路，想想别的办法。他的家附近有几所大学，学生经常出来吃快餐。卡纳利想，附近还没有人开一个比萨饼屋，卖比萨饼肯定能行。他就在自家的杂货店对面开了一家比萨饼屋。他把比萨饼屋装修得精巧温馨，十分符合学生追求高雅情调的特点。不到一年时间，卡纳利的比萨饼成为附近的名吃，每天都顾客爆满。他又开了两家分店，生意也很好。

卡纳利的胃口大起来，他马不停蹄地在俄克拉何马又开了两家分店。但是不久，一个个坏消息传来，他的两个分店严重亏损。起初，他一个店准备500份，结果总有一半的比萨饼卖不出去。后来他又按200份准备，还是剩下很多。最后，他干脆只准备50份，这是一个连房租都不够的数字，仍然不行。最后，一天只有几个人光顾的情景也出现了。同样是卖比萨饼，两个城市同样有大学，为什么在俄克拉何马就失败呢？不久他发现了问题，两个城市的学生在饮食和趣味上存在着巨大差异。另外，在装潢和配方上面他也犯了错误。

他迅速改正，生意很快兴隆起来。

在纽约，他也吃尽了苦头。他做了很细致的市场调查，但是比萨饼就是打不开市场。后来，他又发现，卖不动的原因是比萨饼的硬度不合纽约人的口味。他立即研究新配方，改变硬度，最后比萨饼成为纽约人早餐的必备食品。

从第一家比萨饼店算起，19年后卡纳利的比萨饼店遍布美国，共计3100家，总值3亿多美元。

卡纳利说，我每到一个城市开一家新店，十分之九是失败的，最后成功是因为失败后我从没有想过退缩，而是积极思考失败原因，努力想新的办法。因为不能确定什么时候成功，所以你必须先学会失败。

我们要善于分析失败的原因，而不要只幻想着成功，只抱怨为什么老天对自己如此不公，让自己遭受挫折。

做事就要相信机会藏在失败之中，我们要在失败中寻找到成功的基因，最后获得成功。

生活中处处是机会

不要慨叹生活中机会很少，事实上生活中处处都是机会。我们之所以没有成功，不仅是因为我们没有足够的智慧和勇气去发现机会，更重要的是我们没有足够认真的态度去对待机会。我们要做生活中细心的观察者，而不要去做粗枝大叶且以为自己在全力奔向成功的人。很多人往往看不到生活的机会，在他们的眼里，生活就是一件又一件的事情。

一天黄昏，井植熏在马路上骑车，因为他的自行车车尾没有反光板而被警察严厉地教育了一番。回来的路上，井植熏不断地回想着警察的话："这是法律规定的，这是法律规定的……"突然，一个想法出现在他的脑海中：

"真要是这样的话，那可就是一桩好买卖呀。全国大约有 1000 万辆自行车，每辆自行车都需要反光板，这个市场太大了。"他想起在三洋的车间里，还堆放着大批的钢片边角料，以往这些材料都是当废品卖掉的，若是用它们来生产自行车车尾反光板的底板和边框，真是再合适不过了。这个想法一出现，他便立刻采取了行动。第二天，他打电话到东京，询问红色玻璃的价格。粗略地估算了一下成本，大约每个反光板需要 18 元，而当时市面上出售的用黑铁皮做的反光板价格是 28 元，他完全有占领市场的优势。

很快，三洋生产的钢框反光板面市了，并且很快超过了马莫尔和松下等老牌子，几乎独占了整个市场。三洋公司也从此逐渐发展壮大起来。

我们不要把自己陷入一大堆的事情中不能自拔，我们要善于在生活中不断寻找机会。在机会中不断获得成功。不要说生活中毫无机会可言，事实证明，我们每天涌现出来的大量成功者，都是成功对生活机会的细心捕捉的人。我们没有用心去捕捉生活中的机会，我们就没有权利给生活下一个判断，说它毫无机会可言。

其实，生活在不断地给我们每一个人机会，但关键是不是所有人都有那样的兴趣和态度。牛顿坐在苹果树下，被一个熟透了的苹果砸到了脑袋，他由此而发现了万有引力。如果这个苹果落在别人头上，试问又有几个人能够如此细心地观察和思考呢？我们在生活中很多时候都忘记去寻找机会，如果是这样的话，我们凭什么抱怨生活不给我们机会呢？

做事，就要学会注意生活中的细节，要在生活中获得机会，要让机会不断地引导我们持续走向成功。

机会就在于超越一点点

机会很多时候不在于你做得多么和别人不同，而在于你能不能超越别人一点点。如果我们能够超越别人一点点，没有理由不选择我们。为此我们一定要超越我们的榜样，我们一定要善于发现新的办法，让我们的事业比别人领先。如果能持续实现这一点，机会肯定会找上门来。很多人往往不屑于做这样的小事情。但事实上，很多伟大的成功都是从这样的小事情发端的。

柏克是一位移民到美国、以写作为生的作家，他在美国创立了一家以写作短篇传记为生的公司，并雇有6人。

有一天晚上，他在歌剧院发现，节目表印制得非常差，也太大，使用起来非常不方便，而且一点吸引力也没有。当时他就产生想制作面积较小、使用方便、美观，而且文字更吸引人的节目表的念头。

于是第二天，他准备了一份自行设计的节目表小样，给剧院经理过目，说他不但愿意提供品质较佳的节目表，同时还愿意免费提供，以便取得独家印制权；而节目表中的广告收入，足以弥补这些成本，并且还能获利。

剧院经理同意使用他的新节目表，他们很快和所有城内的歌剧院都签了约，这门生意日后欣欣向荣，最后他们扩大营业项目，并且创办了好几份杂志，而柏克也在此时成为《妇女家庭》杂志的主编。

如果你能像发现别人的缺点一样，快速地发现机会的话，那你就能很快成功。

我们要有超越目标一点点的意念。我们所做的事情要尽量再完善一点点，我们的理由要尽量再充分一点点，我们的态度要尽量再认真一点点，我们对待成功要尽量再热情一点点，如果你真的能持续做到这一点点，而且能够尽量比别人更持续一点点，那么显然你会成为超级的成功者。但是事实上，绝大多数人做不到，因为他们没有持续的耐心，他们缺少人生的智慧，他们没有把这一点点和最后的成功联系在一起。实际上，这一点点和最后的成功是联系最紧密的。

做事，我们就要关注一点点，要比我们的竞争对手做得更好一点点。

剩者为王，看谁跑得快

现代的成功很多时候都讲究剩者为王。谁能够在激烈的竞争中剩下来，谁就能够成为最后的王者。我们要想获得成功，就必须有竞争的意识，就必须在激烈的竞争中努力让自己剩下来，让自己生存到最后。很多人往往不关心竞争对手，他们只埋头做自己的事情，最后他们为自己获得了一分的成功而沾沾自喜，没有考虑到竞争对手已经获得了两分的成功，最后所有的成功都转移到竞争对手手中。

有两个人在树林中游玩。正当他们玩得高兴的时候，有一只大黑熊朝着他们奔了过来。这两个顿时都惊慌失措了。其中有一个人很快冷静了下来，迅速换上了跑鞋，准备逃命。另一个人看到了，对他说："没用的，大黑熊跑得那么快，我们根本就不可能跑过它。"

换跑鞋的人回答道："我根本不用跑过它，我只要跑过你就行。"说完，他就跑了出去。

我们要有竞争的意识，我们一定要超越竞争对手。我们要获得成功不是自己自说自话，而是真正地超越竞争对手。只有当我们超越了竞争对手，我们才有可能获得更大的成功。

而要超越竞争对手，就一定要比竞争对手更具有存在价值。我们要和竞争对手有区别，我们要比竞争对手更有效率，更有态度，更有力量，只有这样，我们才能获得更大的成功。我们不要永远和竞争对手保持胶着的状态，像相互不让步的鹬蚌一样，最后被渔翁坐收了利益。我们一定要超越竞争对手，逐渐和竞争对手拉开差距，最后打败竞争对手，获得威势和成功。

我们一定要有自己的核心竞争力，在核心竞争力的引导下，我们让行动更有效率，比竞争对手更成功。我们不要害怕竞争，任何成功都是竞争中获得的，我们要相信竞争能够产生效率，能够带来整个社会的成功，这是我们的价值观，我们千万不要认为我们的竞争会给别人带来不幸，我们的竞争从根本上会让整个社会获得更大的成功。

做事就要明白剩者为王的道理，通过不断地超越竞争对手，让自己成为最后剩下来的那一个。

机会把握在于一念之间

我们生活中不缺少机会，很多机会都是在一念间，关键是看自己能不能把握。我们要对机会敏感起来，要动用自己的意念去把握机会，不要稀里糊涂地混日子。做事很多的人往往不能理解，他们认为机会是来去匆匆的，自己只不过是没有把握住罢了。为什么没有把握住呢？原因就在于自己的意念。

有两个年轻人师出同门，他们过得都不如意。有一天，他们相约去见师父，共同向师父道出了苦楚："我们在办公室里总是被人欺负，真是太痛苦了，师父您认为我们是否要辞掉工作？"

师父闭着眼睛始终不言语，过了半天，师父轻轻吐出了五个字："不过一碗饭。"然后就让两个徒弟都回去了。

两个徒弟各自想了师父的话到底是什么意思。想明白后，一个人提交了辞职报告，一个人还是继续留在公司。

日子过得飞快，转眼十年就过去了。那个提交辞职报告的年轻人回家后开始经商，十年后他已经积累不小的财富，过上了富足的生活；而那个继续留在公司的人，拼命地学习，最后也逐渐受到重用，成为公司的总经理。

有一天，两个年轻人相遇了。他们对各自的成就很奇怪，为什么师父同样一句话，却有不同的选择，接踵而来的是不同的命运呢？那个经商的人说他当时考虑这句话，想到不过一碗饭，日子又不是很难过，为什么要在办公室忍气吞声呢，于是他辞职了；那个当了总经理的人说他当时是这样考虑的：不过一碗饭，多受点气，多受点累没关系，我不能过于计较，总是去赌气，自己要沉住气踏实干，所以他留在了公司。

最后两个人一起去看师父，师父此时已经很老了，他闭着眼睛，隔了半天，又说了五个字：不过一念间。

人生的成败得失很多时候只是一念之间，每一个人的价值观不同，其选择也必然不同。为此我们要注重意念的力量，让意念引导我们持续走向成功。

做事，就要把握一念间的机会，要让意念持续引导我们获得成功。

机会是树上掉下来的一个苹果

很多人抱怨为什么机会不落在自己的头上，而落在别人的头上。于是他们认为命运不公。其实命运何尝不公了？命运对于我们每一个人来说很多时候都一样，不一样的是我们对待命运的态度。有的人对机会有强烈的渴求，于是他们获得了成功。做事很多的人往往没有那么强烈的愿望，他们对自己没有机会感到愤愤不平，事实上，即使机会在他们面前，他们也不会当真的。

有一个人死了以后去见上帝。上帝一看他的经历大吃一惊，原来这个人一生都一事无成。上帝说："任何一生都会多多少少有点成就，为什么你一生都毫无建树？"

这个人辩解说："我不是没有成就，而是你从来就没有给机会。如果说你能够让那个神奇的苹果砸到我的头上，显然，发现万有引力的人应该是我，而不是牛顿。"

上帝说："其实我给机会都是均等的，只不过是你没有抓住机会罢了。为了让你心服口服，不如我们试验一下。"

于是上帝摇动苹果树，让一个苹果砸到了这个人头上，这个人捡起来，用衣襟擦了擦，就把它吃掉了。上帝又摇了一个苹果砸到他头上，结果这个人又捡起来吃掉了。

上帝也为这个人着急，于是摇了一个更大的苹果砸到这个人的头上，这个人的头被砸疼了，很是愤怒，于是捡起苹果就扔了出去。

结果这只苹果正好砸中了正在睡觉的牛顿，牛顿醒了，捡起苹果，顿时豁然开朗，于是发现了万有引力。

上帝看到这种情况，于是对这个人说，你都看到了，不是我没有给你机会，而是你根本就不懂得珍惜。

机会就是树上掉下来的一个苹果，有些时候我们懒惰，把它三下五除二地吃掉了；有些时候我们愤怒，认为它打搅了我们的生活，于是随手把它扔掉了。生活中从来都不缺少机会，很多人之所以不成功，其根本原因就是对机会不珍惜。

做事，就要把握生活中的机会，要在生活的细节中不断发现机会。

机会正在向你问话，而你没时间回答

机会其实就在我们身边，但是我们往往总是到别处去寻找，对于身边的机会视而不见。有些时候机会正在向我们问话，但是我们没有时间去回答。

很多人往往不注重身边，他们一心渴求机会，但是他们却漠视自己的周围。

有一个 20 岁刚出头的小伙子急匆匆地在赶路，对身边所有的景色和行人全然不顾。这个时候有一个人拦住了他，问道："小伙子，你为何这样行色匆匆呢？"

小伙子头也不抬，飞快地向前奔跑起来，随风飘来一句话："别拦我，我在寻找机会。"

转眼 20 年过去了，这个小伙子变成了中年人，他仍然那么执着，还是在路上疾驰。

又有一个人拦住了他："伙计，你在忙什么呢？"

"别拦我，我在寻找机会。"

转眼又是 20 年，这个中年人已经变成了老人，但是他还是在路上挣扎。

一个人拦住了他："老人家，您是不是还在寻找您的机会呢？"

"是啊！你怎么知道的？"

于是他抬起头一看，猛地眼泪就流出来了，原来问他话的人就是机会之神。机会之神告诉他，其实已经跟了他 40 年了，但是为什么他却从来不抬头看一下。

其实生活中，我们会遇到很多事情，这些事情对我们来说是一种变化，机会正孕育在这种变化之中。机会一次又一次地向我们问话，很多时候我们却视而不见，因为我们在寻找它，我们怕失去了它。结果我们一次次地失去了它。

我们要相信机会就在身边，为此我们要注意我们的生活，我们要寻找生活中的一切机会，我们要在事情中发现机会。做人也好，做事也好，当我们遇到困难时，我们要把它看成是锻炼自己和改变自己的机会；当我们遇到机遇的时候，我们要把它看成我们上一个台阶的机会。无论别人对我们是赞扬还是批评，都是让我们更加完善和有自信的机会。

做事，就要明白机会其实一直就在我们的身边，它需要我们用积极的行动去回应。我们不要没有时间去回答它，而盲目地到别处去寻找它。

上天一定给你留了两个机会

无论身处何地，上天一定会给我们留两个机会。这两个机会决定了我们不同的命运。生活就是一个选择题，从一开始我们就要选择未来前景更大的机会，即便现在很是艰苦。很多人面对生活给予的机会，往往总走容易的道路，最后他们的事业也变得轻飘飘。

有一个年轻人到了兵役年龄，到抽签的时候，他抽中了最艰苦的兵种——海军陆战队。

为此，这个年轻人整日忧心忡忡，对未来艰苦的生活很是担心。

年轻人的祖父看到孙子这种模样，于是想好好开导他："孩子啊，这有什么好担心的。到了海军陆战队，你有两个机会，一个是做内勤，一个是做外勤。如果你分到内勤，你有什么好担心的？"

年轻人问道："要是被分到外勤呢？"

祖父回答："那也还有两个机会，一个是留在本岛，一个是分到外岛，如果你留在本岛，那也没有什么好担心的？"

年轻人又问："那如果被分到外岛呢？"

祖父回答："那也还有两个机会，一个是后方，一个是最前线，如果你留在外岛的后方，那也很轻松！"

年轻人又问："如果被分到最前线呢？"

祖父回答："那也还有两个机会，一个是站站卫兵，平安退伍；另一个是会遇上意外事故。如果能够平安退伍，那又有什么好怕的？"

年轻人又问："如果遇到意外呢？"

祖父回答："那也还是有两个机会，一个是受轻伤，被送回本岛；另一个是受重伤，甚至可能不治。如果你受轻伤，送回本岛，那有什么好担心的？"

年轻人最恐惧的部分来了，他问道："如果是后者呢？"

祖父大笑起来："如果遇到那种情况，你人都死了，还有好担心的？倒是我会伤心，白发人送黑发人的场面，那种痛苦，不是谁都能承受的。"

人生都有两次机会，我们不要拿最不可能的事情来不断吓唬自己。事实上，如果我们真正去分析人生中的机会，我们会发现我们已经失去了很多。而那些我们所恐惧的东西，从头到尾根本就没有出现过。

做事，一定要相信生活中有两次机会，我们是可以做选择的。

上了台面，才有机会

人要获得成功，就一定要上台面。如果台面都没有，我们想获得成功，只能是痴人说梦。台面就是我们的舞台，我们一定要争取上台面的机会。有些人畏惧台面，不愿意甚至害怕抛头露面，不愿意表现自己。事实上，我们固然要低调和沉潜，但是我们一定要适时地表现自己。做事很多的人往往埋头做事，最后他们做了很多重复的劳动，一事无成。

有一个歌手想去一家歌厅唱歌，歌厅的老板同意他来唱歌，但是他必须保证票能卖出去。这个歌手同意了。对于没有任何名气的他来说，卖票的难度相当大。于是他把票送给别人，请别人来给自己捧场。最后他成功了，很多人花了很多钱都买不到他演唱会的票。后来有人问他，当初是怎么想到请人去听自己唱歌的？他回答说：作为一个歌手，价值应该表现在舞台上。如果当时我不请别人来听歌，我就连舞台上不去，我怎么可能成功呢？

其实事业很多时候就是这样，一开始我们很蹩脚，但是没有关系，慢慢地我们变得长袖善舞，这个时候我们的事业就成功了。但是在我们蹩脚的时候，我们一定要有人来欣赏。只有别人欣赏，我们才能获得进一步努力的动力。然而生活中，并没有很多人用发展和动态的眼光来看我们，更多的人只是从自己的一己好恶出发来看待问题。这就决定了我们必须通过意念来解决我们最初舞台的问题。

我们不要把别人的批评看成是不满，而应该看成是别人用一种另类的方式表达了他们对我们改进的期望。我们不要把别人的不满看成是最终的结果，只要我们下一次能够出色发挥，我们就能够消除别人的不满。这种消除别人不满，从得不到尊重到获得极大尊重的过程是多么的有趣和富于创造性。

做事，就一定要上得了台面，要找到自己发挥的舞台，不断地表现自己。责任高于热爱，做人要有担当。